场景之城

营城模式创新探索者

周成
主编

焦永利　程怡欣
副主编

中国社会科学出版社

图书在版编目（CIP）数据

场景之城：营城模式创新探索者 / 周成主编．—北京：中国社会科学出版社，2022.9

（新发展理念的成都实践）

ISBN 978－7－5227－0550－7

Ⅰ.①场… Ⅱ.①周… Ⅲ.①城市规划—研究—成都 Ⅳ.①TU984.271.1

中国版本图书馆 CIP 数据核字（2022）第 131067 号

出 版 人 赵剑英
责任编辑 喻 苗
特约编辑 胡新芳
责任校对 任晓晓
责任印制 王 超

出 版 中国社会科学出版社
社 址 北京鼓楼西大街甲 158 号
邮 编 100720
网 址 http：//www.csspw.cn
发 行 部 010－84083685
门 市 部 010－84029450
经 销 新华书店及其他书店

印刷装订 北京明恒达印务有限公司
版 次 2022 年 9 月第 1 版
印 次 2022 年 9 月第 1 次印刷

开 本 710×1000 1/16
印 张 17.75
字 数 264 千字
定 价 139.00 元

编委会

主　编　周　成

副主编　焦永利　程怡欣

编　委　李晓鹏　吴　军　杨　泉　李明峰

陈雪梅　杨　青　王　瑶

前言 PREFACE

进入新发展阶段，“人民城市人民建，人民城市为人民”成为新时代城市发展主题主线。人民城市，一切围绕“人”，营城逻辑全面转向人本逻辑。从“人”的角度出发，城市吸引力法则正在被场景改变，通过场景营造，以人的需求为导向开展城市形态重塑和功能完善，把吸引人、留住人、发展人作为价值归依，提升市民对城市的归属感，激发市民在城市中的创造力，成都正在积极探索新模式、新路径，全力建设满足人民日益增长的美好生活需要的城市。

聚焦人民对美好生活的新需求和新期待，在践行新发展理念的公园城市示范区建设背景下，成都探索将“场景营城”作为推动城市发展方式转变的重要途径，积极营造新经济、新消费、社区治理、天府文化、公园绿道等城市发展新场景，通过“场景”的聚合、黏合、融合作用，激发人的创造，回应人的体验，彰显人的价值，不断涌现出多功能叠加的高品质生活场景和新经济发展场景，逐步呈现出“处处皆场景、遍地是机会”的场景城市特征，为新发展阶段城市实现更高质量与更可持续发展提供了“成都范本”。

本书以城市观察员视角，梳理串联成都场景实践的故事线，从市民的“小场景”窥见城市的“大愿景”，引发场景城市的成都思考。场景营造的出发点是人，落脚点也是人。关注人与供给侧、需求端场景的双向链接，站在“成都人”的视野里，解码时间脉络下的成都场景建设的走向与思考。

目录

CONTENT

第一章

“成都人”的城市——面向未来 成就事业

在新一轮科技革命和产业变革背景下，成都积极拥抱新经济，努力建设最适宜新经济发展的城市。在政策引导上，实现从“给优惠”到“给机会”的重要转变，用场景思维支撑新技术加速应用，推动前沿技术应用场景开发，激活要素、顺畅流通、赋能生产，系统开展数字基建、数字化转型、智能制造等领域场景营造，提升经济运行效率和创新能力，全面打造宜业环境，构建更加高效的现代化城市经济体系，创造更多更好的工作机会，提供更高质量的产品和服务，服务人民幸福美好生活。本章从“新经济七大应用场景”切入，沿着“上云用数赋智”的链条梳理场景，展现成都新经济应用场景“成就人”的故事。

第一节

生产场景迭变：推动新技术与实体经济深度融合

生产场景因技术而变，产业形态因场景而新，成都新经济发展蓬勃向前，正在形成面向未来的新经济场景生态体系。“人”在这一新型经济生态之中，正在实现与传统工作形态的“脱嵌”，完成与新的更优场景的“互嵌”。人工智能不会代替人类，而是为未来的经济社会发展赋能，未来社会将会是智能机器和人类的共生共融。在技术赋能和治理创新的支撑下，新经济正在进一步解放生产力和人本身，为美好生活提供新的澎湃动力。

成都新希望乳业生产线上实时传来的数据不间断地出现在显示器上。杨师傅和他的三位同事正从容地监控着当天的牛奶杀菌参数：“通过操控电脑屏幕上各个流程工段的参数，就可以实现对生产实时有效的监控。”如今杨师傅他们每天只需要在交班的时候去巡检一次机器设备。而在智能化改造前，生产线上的 1600 个阀门需要配备 8 个生产管理人员进行至少三次的日常操作。

当新技术取代了一部分枯燥且没有创造性的岗位时，新的工作场景也正在催生出许多新的岗位。新一轮科技革命和产业变革方兴未艾，以大数据、云计算、人工智能等为代表的新一代信息通信技术促使经济社会发生深刻变化，数字经济蓬勃兴起，数字技术广泛渗透于生产生活。根据中国信息通信研究院数据，2020 年我国数字经济规模达到 39.2 万亿元，位居世界第二。与此同时，数字产业化和产业数字化加速演进，进一步推动数字经济与实体经济深度融合，已经成为建设现代化经济体系、实现高质量发展的重要路径。

对此，成都早已规划布局。成都市政府工作报告已连续多年提出，大力推进数字经济发展，积极推动国家数字经济创新发展试验区建设。而借助数字经济“一线城市”的机遇，目前成都正以建设国家数字经济创新发展试验区为契机，以“云、网、端、数”为基础，注重生产技术由传统“硬性”要素向新型“软性”要素转变，通过“数字产业化”和“产业数字化”双轮驱动，着力打造数字经济发展新引擎，赋能城市经济社会高质量发展。

一 赋能农业：走向成都田间地头的新技术

数字乡村建设如火如荼。随着云计算、移动互联网、大数据、人工智能等数字技术的快速创新与应用，数字经济不仅正成为全球经济社会发展的重要引擎，而且已加速向农业农村广泛渗透，为农业农村数字化建设提供了良好契机。

2020 年 7 月，国家部署开展国家数字乡村试点工作，以期通过试点地区在整体规划设计、制度机制创新、技术融合应用、发展环境营造等方面形成一批可复制、可推广的做法经验，为全面推进数字乡村发展奠定良好基础。

数字乡村建设没有既定模式，先行者的探索，将提供借鉴参考。作为成都唯一的试点县，大邑县智慧农业产业园“吉时雨”数字农业服务平台（见图 1–1）就是该县建设数字乡村的一个典型场景。通过该平台，大邑

图 1–1　数字农业服务平台后台，土地实时卫星图清晰呈现在屏幕上

县探索出以数字技术赋能现代农业发展的新路径，推进农业生产智能化、管理数据化、服务在线化，提高了土地产出率、资源利用率、劳动生产率。

种植大户万富旭简直是个大忙人。

在成都大邑县安仁镇，身着笔挺西装、脚蹬锃亮皮鞋的他，在交流中电话始终没断过。“现在，我们都是‘云种田’‘云收割’，一个手机就能搞定。”他一边说，一遍掏出手机演示：点开 App“吉时雨”，自家田块地图便显现出来。上面有农资、作业、收粮、金融 4 个板块，涵盖了种田全流程。

顺着万富旭的目光，我们望向窗外一眼望不到边际的金黄麦田。这片他种了一辈子的田正在经历一场大变革：借助数字化的技术，农业在焕发出新的生机。如今，大数据、物联网、人工智能等前沿技术走入成都的田间地头，让传统农业焕发出新的生机，也让新经济企业找到新技术的应用场景。

“这几年我们的农业生产也有了黑科技，‘上天入地’全方位管控，合作社 5000 多亩的粮田，只需要 9 个人，这就是新经济赋能的数字农业。”交流中，笔者和万富旭来到这片粮田时，看到了这样一幅现代农业的新场景：十几台无人机从产业园里飞过，完成喷洒等作业，强劲而有力的机翼掀起一片片麦浪；在田间另一头，一位农民拿着手机一边察看作物长势，一边根据系统提醒和经验判断，确认灌溉或施肥。

手机的另一头，连接着大邑县数字农业监管平台。笔者在平台监控中心看到，整个试点范围内的所有田块信息，全部显示在一张大屏上。从地块数、水稻种植面积等基本信息，到温度、湿度、酸碱度等环境信息，甚至农业银行贷款户数及贷款金额，一目了然。这套数字化生产管理方案建于 2018 年，由四川润地农业有限公司实施打造并运营。建设地点包含了大邑苏家镇、三岔镇、安仁镇、王泗镇、上安镇。

“这是一套‘天、空、地’一体化水稻生产物联网测控系统、水稻生产过程管理系统、精细管理及公共服务系统，让农户的管理效率提高 40%—50%。”大邑县农业农村局农发中心副主任程静介绍，通过政府牵头构建这样的数字农业场景不仅改变了农民传统的耕作方式，也让这家成都新经济企业的新技术有了应用场景，并迅速成长起来。

依托国家大田种植数字农业项目，大邑县将物联网技术运用于农业领域，搭建数字农业综合服务平台，探索新型绿色农业生产模式。平台为入驻农户免费提供“五管”服务：管农场，通过“天、空、地”一体化物联网测控系统，向农户及时提供土壤墒情、作物苗情、病虫害情、自然灾情等信息，有效降低管理成本，提高管理效率；管农资，为入驻农户提供质优价廉的种子、化肥、农药等农资产品，物流直接到地头；管作业，平台已实现社会化服务供需双方线上交易、线下服务的运行模式，提供“耕、种、防、收、运、烘干”等农业作业服务；管金融，为农户提供贴息或免息的生产经营信用贷款，额度最高100万元，不需要资产抵押和第三方担保，节约80%的融资成本；管销售，平台以高于市场价格回购粮食，直供米厂和其他粮食终端商，相对于传统粮食销售渠道，农户可以增加40—60元/亩的收入。

新经济与农业的“嫁接”融合，为传统产业带来蓬勃生机，这样的场景每天都在成都上演。以大邑县搭建的数字农业综合服务平台为例，通过赋能农户，降低生产成本，提高经营效率，稳定粮食产量，实现农户种粮平均增收150—200元/亩，实现了农业节本增效、农民增收。

场景观察员：

在成都的实践探索中，农业早已不是单纯的“一次产业”，而是插上新经济翅膀的“六次产业”。新经济与农业的“嫁接”融合，为传统产业带来蓬勃生机。大邑县智慧农业产业园“吉时雨”数字农业服务平台就是这样一个典型场景。目前成都全市农业系统共建成投入运营有“成都市农产品质量安全检测监管溯源平台”“成都智慧动监信息平台”等平台。农村集体“三资”系统已将全市20个区（市）县和成都天府新区、高新区、东部新区纳入系统管理。都市现代农业发展监测评价系统对全市农业发展进行实时监测分析，定期形成报告供主管部门决策参考。

二　赋能制造业：数字化转型中锻造新优势的成都“智”造

正如《场景革命》中所言：“很多时候人们喜欢的不是产品本身，而是产品所处的场景，以及场景中自己浸润的情感。”企业要实现自我更新，就要自我创造，发挥人的价值最大化，这是共同进化的条件和驱动力。工业互联网时代，企业实现价值理性要注重人的价值、人的存在。

我们看到，无论是在明珠家具（见图 1–2）这样的传统制造业工厂还是在成都中电熊猫显示科技有限公司这样的“未来工厂”里，工业互联网带给企业的不仅仅是提升工业生产效率、生产质量的工具。工业互联网生态系统将以用户需求，也就是人的需求为出发点，为用户提供日益个性化、定制化的场景需求解决方案。企业内部不再需要发号“施令”，员工根据用户需求自组织、自驱动、自增值、自进化，各种生态资源围绕用户需求的迭代共同创造、共同进化，从而演变为一个更为丰富的生态系统，生态资源越来越多，就会孕育出新的“物种”。

图 1–2　明珠家具股份有限公司智能化的生产线

板材切割工人李师傅不时抬头瞥一眼工位前方悬挂的平板电脑。

在成都市崇州市的明珠家具生产车间，李师傅就是通过这个平板来了解下一个生产步骤的要点，确保对板材进行精准切割。此外，当天的生产任务、目前的生产进度、每道工序的生产效率都在平板上显示得一清二楚，李师傅能始终保持高效的工作状态。

技术不断被颠覆的时代，每个细小的转变都可能酝酿着巨变。新经济场景随着新一代信息技术不断催生成长、迭代更新，有力地促进了新技术、新模式的应用孵化落地，在一定程度上影响着生产逻辑和产业结构。在成都，数字化、网络化、智能化赋能的场景越来越多地出现在生产制造领域。当成都企业在产业转型升级提升中渐入佳境，实现逆势发展的新优势的同时；政府也在积极为企业提供城市机会和市场入口，通过应用场景构建智能制造的新生态。

"别小看李师傅面前的这块屏，它是我们工厂数字化改造的一个典型场景，让我们的生产不再'盲人摸象'。"掌上明珠家居信息化中心总监张浩介绍："现在就好比给每个员工装上了一面镜子，不但能看到自己的生产进度、质量，同时还能看到别人的情况，管理人员则可以通过它看到整个工厂的生产状况。"虽然 2020 年初受到新冠肺炎疫情带来的冲击，但到 2020 年 10 月公司的产值已经与 2019 年全年持平。

流程看似简单，过程却需要花费很大精力。传统制造企业进行工业互联网改造时，遇到的第一个"瓶颈"，就是无法"上云"的传统设备本身。为了让生产中的信息流对上实物流，明珠家具引入标识解析打造数字化车间。"标识"是产品、设备的"身份证"，记录其全生命周期信息；"解析"指利用"标识"进行定位、查询。"例如，从仓库送出来的原料会先来到开料的生产程序，根据订单的需求被切割成不同形状的板件。"张浩介绍道，切割完的每一块板材都会被自动分配一个号码来统一管理。

就像身份证一样，通过扫描这个二维码，后面的生产环节就可以知道关于这块板材的生产规格等各种细节，中央系统也可以全程追踪它的生产进度和生产品质。在张浩看来，随着生产规模的不断扩大，生产过程中产生的信息量也呈现出爆炸式增长趋势，原有的管理办法无法适应新的需求，必须利用计算机技术，让生产中的实物流对应上信息流。

值得一提的是，明珠家具所使用的标识解析体系需要的是企业、行业、地方政府等各方参与，共同构建场景。作为该体系实现对信息的数字化管理的重要基础设施，“工业互联网标识解析（成都）节点”是四川省唯一的区域性综合节点，已于2019年11月30日正式启动上线，并在成都家具、电子、食品、环保等多个行业领域迅速推广标识应用。上线一年后，标识注册量突破5.4亿条，标识解析超过4100万次。

传统制造业积极拥抱新经济的同时，智能工厂的应用场景一直在不断更新升级，5G正成为成都智能工厂、智能车间的标配。红、黄、蓝三色闪烁，无数机械手臂来回忙碌，玻璃基板如流水一般，在不同机台之间运转、衔接，液晶面板一张张下线……在这一成都新型显示领域的“未来工厂”，对5G应用场景的探索虽尚在起步阶段，但已悄然引起一系列变化。

“目前，工厂在点灯实装前的液晶面板生产阶段智能化水平已经很高，下一步我们希望在质检、包装出货阶段通过5G网络提高效率。”站在公司“无人工厂”的参观走廊，成都中电熊猫显示科技有限公司技术部部长仇善海说道。自动小车在工厂里自如地穿梭，货物被机器人准确地放到货架上……这些曾经出现在科幻电影中的场景，通过5G赋能，都将成为现实。小车、物料、工人之间的高频互动，为5G提供了大展拳脚的舞台。“其关键就是系统之间的实时连接和信息交互。”仇善海表示，5G网络在低时延、工厂应用的高密度海量连接、可靠性等方面优势突出。“如果用Wi-Fi来进行实时连接，支持同时连接的端口数量有限，容易出现丢包掉线，一旦连接不上就会大大影响生产效率，现在我们正逐步替换成5G网络。”仇善海说。

场景观察员：

无论是以明珠家具为代表的传统制造业，还是以熊猫显示为代表的智能制造，成都在电子信息、医药健康、绿色食品等重点产业领域拥有一大批优质企业，高新技术和应用场景资源丰富。2018年以来，成都陆续出台工业互联网实施意见、行动计划和支持政策，围绕提升网络基础支撑能力、深化工业互联网应用、构建工业互联网平台体系和安全防护体系，加强顶层设计规划，注重政策支持培育产业生态。

特别是为推动工业互联网新型基础设施在更广范围、更深程度、更高水平上融合创新，促进工业经济高质量发展，成都市制订了《成都市工业互联网创新发展三年行动计划（2021—2023年）》，强化提升网络、平台、安全三大功能体系赋能能力，培育工业互联网创新解决方案、标杆企业和示范园区，推进数字化车间和智能工厂建设，打造"点—线—面"融合应用，夯实公共服务平台与融合生态载体基础，全面提升工业互联网建设及应用水平。

三　赋能服务业：推动产业迈向价值链高端的现代服务业

近年来，服务业在我国经济总量中的比重不断提高，逐渐成为国民经济发展的重要动力和新引擎，我国正迈入以服务经济为主导的新时代。数字化能够克服传统服务经济低效率的发展趋势，实现效率提升。与此同时，数字化、智能化将带来服务业规模效益和产业升级。

在数字技术赋能、经济全球化、发展转型和市场需求升级的驱动下，成都服务业的场景更加丰富、分工更加细化、业态和模式不断创新。以新希望鲜小厨为代表的生活性服务业企业通过新技术新应用场景释放消费潜力，以此满足消费者高时效性、高品质体验性的要求。而以积微物联为代表的生产性服务业企业，通过新一代信息技术，为制造业生产流程优化、技术革新和发展方式转变提供了强有力的支持。

"我希望能用新的思维方法，去帮助一个实业或者一个行业去做一点事情。"这是徐大川在与笔者交流中，反复强调的一句话。

几年前，在复旦大学攻读完金融硕士的徐大川，和大部分同专业的学生一样，毕业后进入了金融业这个领域。在工作了一段时间之后，他发现，这份光鲜亮丽的工作并不是他真正想要的，“刚好那时新希望集团有一个项目，给了想要做实业的年轻人一个创业的机会”。于是不顾家人和朋友的再三反对，徐大川毅然从上海辞职来到了成都。

选择“鲜小厨”的初衷，源自徐大川对行业“痛点”的洞察。全拓数据报告显示，2020 年我国生鲜零售市场规模超 5 万亿元，而艾媒咨询数据显示，2020 年中国生鲜电商市场规模达到 2638.4 亿元，渗透率仅为 5% 左右。“有没有一种模式，可以把社区店的即时可得，与电商的短链条和便利有机地融合在一起呢？”徐大川一直在思考，基于这样的想法，“鲜小厨”社区生鲜新零售在 2019 年正式上线，并在经历了 15 个月的风吹日晒和四次战略转型方案的打回修改后，“鲜小厨”初具雏形。

后来徐大川将跑来的一手数据进行数字化加工，形成一套有效管理的供给系统，不仅可以实现智能库存预测，还确保了每个社区的前置仓都能更符合本地化需要，有效降低了生鲜库存损耗。“我们不做 3—5 公里的大生意，每个前置仓只服务好 1—3 个社区，确保品质、时效和品类的确定性。”徐大川说。值得一提的是，2020 年初新冠肺炎疫情期间，四川新希望鲜小厨电子商务有限公司就充分利用自身优势，为居民日常饮食提供创新解决方案，让大家足不出户就能采购到新鲜食材。

新经济赋能的场景不只出现在生活性服务业，还出现在生产性服务业中。在成都新经济共享大会、跨年演讲等很多场合，谈起数字化转型时，著名财经作家吴晓波都会特别提到一个名叫“钢铁大脑”的项目。这个由攀钢集团、阿里云以及成都新经济企业积微物联三方联手打造的产品，通过为繁杂的生产过程装上智能“大脑”，代替人脑指挥生产的旧有模式，通过数据采集、建模和算法，减少生产过程中的浪费和低效率。

在此过程中，由阿里云将 AI、大数据、算法、云计算等新技术落地应用到攀钢集团西昌钢钒生产车间，以实现在线智能炼钢。而成都新经济企业积微物联则作为生产性服务业企业，扮演“夹层”角色，黏合两方力量，共同完成整个"钢铁大脑"项目。

如今，在位于成都青白江区的积微物联办公区的五连大屏上，炼钢的画面和不同工序的数据实时变动着，显示了千里之外的西昌钢钒炼钢厂的实时生产情况。而项目工作人员，即便出差在外，点开手机"钢铁大脑"App也可查看当天西昌钢钒的炼钢实时状况，浏览炼钢关键生产经济指标。

"钢铁大脑"作为一场应用场景的试验，展现了积微物联对"大数据"服务生产价值的探索。而后，这家新经济企业还将应用场景的触角延伸到了更广阔的领域，例如，通过"积微大数据应用分析平台"的打造和投入，依托大数据、云计算等新一代信息技术，为客户提供了基于仓储、加工、运输、安全、循环、供应链等业务的数据指标体系，帮助企业解决数据难题。

场景观察员：

从走入大部分成都人生活中的生鲜电商到生产现场千里之外的"钢铁大脑"，从生活性服务业到生产性服务业，在现代服务业的发展中，"场景"已然成为拓展产业发展新空间的重要抓手。在《成都市生产性服务业发展总体规划》中，成都更是将生产性服务业新场景营造行动列为了聚焦细化落实、重点突破、示范先行的行动计划之一：坚持场景营城、产品赋能，营造一批与生产性服务业紧密结合的多元化应用场景。而在新兴生活服务场景营造中，成都将重点定位为体验服务场景、共享服务场景、绿色服务场景、定制服务场景。

第二节

智慧城市升级：让城市更聪明更暖心

满足人民对美好生活的向往，促进经济高质量发展，提高城市管理和社会治理水平，是城市治理现代化的重要目标。从围绕着“人”本身出发，把满足市民需求作为出发点和根本目的，成都科学把握特大城市发展趋势和治理规律，积极实施“互联网 + 城市”行动，建设智能化城市营运体系，对民生、安全、服务等各种需求做出智能响应，实现城市智慧式管理和运行。同时，着力打造智慧政务、智慧出行、智慧社区等，推进互联网、大数据与城市生产生活深度融合，让居民共享科技便利、点亮智慧生活。（见图 1–3）

图 1–3　成都网络理政中心

家住成都市武侯区望江路街道的一老人还未睡醒，但厨房的烟雾浓起来了，一场意外看似难以避免。幸运的是，几分钟后，消防车赶到，消防员冲进了门。背后起作用的就是成都一套全新的消防物联网系统，烟雾触发报警，安全风险智能管控平台收到信息，精准定位火灾发生地点，然后消防员立即前往救火。

推进国家治理体系和治理能力现代化，必须抓好城市治理体系和治理能力现代化。数字孪生城市、城市未来场景实验室、“共享人才”平台……

这些被写进《成都市国民经济和社会发展第十四个五年规划和二〇三五年远景目标纲要》中的新场景，都是成都着眼于让城市更智慧、让生活更美好的创新探索与实践。

工欲善其事，必先利其器。智能化不仅是提高城市管理效率的重要手段，更是推动超大城市治理体系和治理能力现代化的重要方向。近年来，现代信息技术的蓬勃发展，不仅为人们提供了更加智能的工作方式和生活方式，更为城市治理提供了新工具和新手段。成都市第十三次党代会以来，成都立足自身在电子信息、新经济等产业领域的比较优势，充分运用5G、大数据、人工智能、物联网、区块链等前沿技术和创新成果，推动城市发展更有智慧、更具韧性、更为安全。

《成都市智慧城市建设行动方案（2020—2022）》明确，到2022年，全市智慧城市架构体系基本完善，“城市大脑”全面提能，数据要素高效流转，智能设施广泛覆盖，城市智慧治理水平明显提升，区域合作取得实质成效，进入全国智慧城市第一方阵，成为全国“数字政府、智慧社会”建设的典范城市。截至2021年，成都网络理政中心作为城市“智慧大脑”，已汇聚接入全市220个业务系统和600类近9亿条数据资源，集成视频和物联网传感设备9万多个，初步满足城市运行风险监测、综合分析研判和指挥调度需要。

一　政务服务更高效，激发市场主体创新活力

“互联网+”时代，线上政府是智慧城市管理运营服务中心。政府通过搭建“互联网+政务服务”平台，实现各部门之间的资源共享和互联互通。通过整合汇聚不同业务系统和平台，深度挖掘公众需求和政务服务之间的关联，利用技术手段克服“找谁办”“去哪儿办”和“怎么办”等政务服务困境，通过变被动服务为主动服务，实现城市治理方式的变革，真正把数据资源开发应用的深度和广度，转化为生产力的释放、政府运行的高效率。

图 1–4　政务大厅“蓉易办”服务专区

“这么快！是‘绿色通道’吗？”在成都市都江堰市政府服务大厅（见图 1–4），经营餐馆的杜明和窗口工作人员开起了玩笑。再次确认自己餐馆的卫生许可证已更新完毕后，他收起自己的手机，按下窗口的好评键。以前，杜明来办事的心情可没这么好。他要将纸质申报材料分别交到至少三个单位，再到窗口办理，一共得花 10 多个工作日。“现在通过手机 App 就能核验这些材料，确实挺方便。”杜明的感受源于成都对政务服务场景的构建。成都着眼市民和企业“痛点”、难点，以“蓉易办”平台为核心构建全市统一的“互联网 + 政务服务”体系，开展政务流程数字化再造，推进政务服务“一网通办”。

而如今，伴随着新技术的引入，这样“方便”的政务服务场景还在成都继续升级。2021 年 1 月，成都市区块链技术应用转化的尝试在政务服务场景率先有了成果——都江堰市发布了全国首例基于区块链化数字不动产证及区块链营业执照办理的区块链医疗机构执业许可证。笔者看到，和普通的纸质不动产证、营业执照相比，区块链化数字不动产证、营业执照是由原本的纸质证件加密计算生成的唯一可验证的二维码。

“智慧政务 + 区块链”对于办事企业和群众来说，最直观的应用场景便是刷脸认证，证照上链。通过手机 App，办事人“刷脸”即可授权办理 32 项行政审批事项。而其应用数据共享的场景也让窗口和后台工作人员服务更为高效。“通过区块链赋能的政务服务，实现了无材料审批。这就显著降低了我们的办事成本。平台运行以来，我们办事企业和群众提交材料明显减少了百分之四十左右。”都江堰市行政审批局踏勘中心综合科工作人员黄蓓妮分析道，而且数据共享让各部门业务都可以在线协同办理和管控，可以提高窗口办事效率。

高效政府服务场景给市场主体带来便利的同时，也激发了一座城市的创新活力。"2020年我们的销售额达到1.2亿元，同比增长200%，取得了骄人的成绩。"走访中，四川中旺科技有限公司负责人荀红莉兴奋地告诉笔者。

这是成都一家从事软件和新材料研发、机械成套设备生产及销售的高新技术企业。依托丰富的产品研发及生产制造经验，中旺聚焦节能环保和新能源领域，与深圳大学等高校和高分子新材料研究所密切合作，通过产学研联盟，取得了关键性的技术突破，形成具有自主知识产权的核心传动技术。产品做强了，市场做大了，对流动资金的需求也更大了。据荀红莉介绍，税务部门上门走访的时候，给她推荐了"减税云贷"。免担保、免抵押，仅凭纳税信用就可以办理贷款。这对亟须资金补充的企业来说，无疑又是"一场及时雨"。

场景观察员：

当前，以互联网、大数据、人工智能为代表的新技术、新业态不断涌现，以数字化为形式、以技术创新为依托的数字经济正在以前所未有的速度解放和发展生产力，有力促进了公共服务均等化与可得性。为构建智能化政务服务体系，成都推进政务服务"一网通办"：以政务服务事项为基础，进一步细分明确办理情形、申请材料、办理时限等要素。持续推进"减时间、减材料、减环节、减跑动"工作，打造"综合一窗"通用受理和管理平台。搭建智能化实体大厅管理平台，融合线上线下服务事项，提升政务服务体验。

二　城市治理更精细，构筑智慧城市的"数字"底座

政府通过搭建"互联网+政务服务"平台，不是数字城管、信息化建

图 1–5　停放有序的共享单车

设的简单替代，而是撬动社会治理社会化、专业化、智能化和法治化的支点。它集中了当前城市空间开发和技术运用、数字产业和社会治理的很多主题。在这个平台之上，从共享单车（见图 1–5）巡检员到提供服务企业的新经济企业，再到政府工作人员，每个人都不是旁观者，而是共建共治共享的主体。

上午十时，上班早高峰刚过。成都高新区益州大道一侧的环球中心西门外，共享单车巡检员罗红正忙着将街面上违规停放的自行车搬到划定的停放区域。她告诉笔者："当后台显示某个区域的车辆过多时，我们还需要按照提示对车辆进行调度。"2017 年 3 月，家住石羊场的罗红结束了自己的家庭主妇生活，正式入职成为一名共享单车巡检员："伴随着城市居民对'最后一公里'出行的更多需求，相信从业队伍会越来越大，这也让我为成都更宜居贡献了自己的力量。"

如果说在共享单车智慧管理的场景中，"罗红们"承担着"手脚"的功能，那么背后的大数据人工智能平台则是共享单车运维的"大脑"。"我们搭建的共享单车综合智慧治理平台可以通过设置的监测点位，实时监测和统计共享单车的停放数据，动态监测'黑名单'车辆回流情况，自动识别街面单车乱停乱放情况。"成都高新区生态环境城管局相关负责人告诉笔者，监测到点位"爆仓"情况时，平台还会自动报警并生成调试任务，派送至共享单车企业运维人员，保证道路环境整洁有序，也让市民用车更为方便。

而所有的共享单车管理数据最终都会汇集到成都高新区网络理政的一块巨型大屏上。在这里，参观者们看得见的场景是屏幕上每隔几秒就刷新一次的数据；看不见的则是一场范围遍及全区各部门的"数据库大会战"：

成都高新区打通了65个系统，归集整理了超过12亿条数据，最终形成了一套可视化的数据系统。有了这个"数据"底座，成都高新区进一步推动了大数据、云计算、区块链、人工智能等前沿技术在城市治理场景中的应用：围绕一网统管、一屏会商，不断衍生出群租房治理、渣土车治理、无人机巡查、全面全时巡视等17个细分专题。

在构筑智慧城市治理的场景中，有市民找到新的职业方向，政府有了更精细的城市治理方案，同时也有新经济企业在其中找到了技术迭代的应用场景。2021年，当笔者再见到成都携恩科技有限公司CEO刘洋时，他的业务洽谈已经排到了一个月后。可就在两年前，这家已经获得多个无人机行业准入牌照和认证的成都新经济企业却面临上下游产业、应用场景对接困难等发展"瓶颈"。

深入了解携恩科技的情况后，成都市新经济发展委员会邀请成都市公安局、成都市生态环境局、市城管局、市水务局（市河长办）等政府部门相关负责人赴携恩科技现场办公，深入剖析行业发展中的"痛点"和政府服务的"盲点"，研究如何为企业提供应用场景。刘洋告诉笔者，正是这场现场办公会，建立了政企良性互动纽带，形成了携恩公司与成都市11个市级部门或单位的沟通机制。会后，各有关部门针对企业诉求提出了支持企业发展的有关工作措施，为企业提供了河道巡查、河湖划界、秸秆禁烧巡查等多个智慧城市治理应用场景。

"这些场景基于智慧城市治理领域的实际"瓶颈"问题，抓住了突出矛盾和难点；同时也让企业更加了解市场需求，推动产品更快走向市场。"刘洋表示，如果没有市新经济委的牵头，企业很难对接到这么多的政府职能部门。而后，公司更是通过"城市机会清单"发布了利用无人机采集图像和数据，提供智慧城市治理服务的信息，进一步拓宽业务。"仅2020年上半年，我们就新增合同金额较去年同期增长352%，逆势中实现强劲增长。"刘洋说，"城市机会清单把机会都展示出来了，为企业提供了新的应用场景，给企业提供了机会，让我们更容易融入城市的发展战略中来。"

场景观察员：

为构建智能化城市治理体系，成都正建设“一屏观、一网管”指挥运行体系：融合政府、企业和社会数据，叠加实时感知数据，全要素模拟城市运行状态，打造数字孪生城市；推动各相关领域信息系统互联互通、运行数据整合共用、态势趋势关联分析，构建城市运行态势一张图，实现“一屏全观”；建立“城市体检信息平台”，全方位、多途径、多层级采集城市体检指标数据，实现城市问题及时发现、实时预警、动态跟踪、有效修正，推动城市科学治理、智慧治理等。

三　生活服务更便捷，切实提升人民获得感、幸福感

智慧城市建设让城市的公共服务资源向乡镇延伸和覆盖，让城市管理更加科学，人居环境更加优美。智慧医疗、智慧化交通、指尖上的生活缴费、远程网络教育……这些智慧化的场景如今让人们的生活越来越便捷，老百姓品尝到了智慧化城市的成果，提高了生活品质和质量。在“以人为本”中让人民充分感觉到“获得感”，才是智能城市建设的本质。

如果没有5G技术，四川马边彝族自治县44岁的李华就不可能会在当地享受到华西专家的诊疗。她反复右上腹疼痛不适三年后，2019年因病情发作就医，幸运的是，她得到了华西专家的帮助。

2019年7月，马边彝族自治县人民医院为她开展了人工智能消化内镜操作，四川大学华西医院通过5G技术对当地医生进行了实时远程指导，这是国内首例5G+AI远程消化内镜诊断。四川大学华西医院刘伦旭副院长感叹说，通过5G和人工智能技术的结合，可以将优质医疗资源进行有效辐射，从而覆盖更多老百姓。

不只是在医疗领域，智慧生活的场景已经触及了成都市民生活的多个领域。在青龙湖，科技及跑步爱好者可以体验智慧绿道，感受能放音乐视

频的智慧灯杆、万能智慧驿站、智能机器人等黑科技。全长3.3公里的环湖智慧跑道，实时记录运动数据，全程跟踪运动情况，分析卡路里消耗等数据，给市民带来全新公园体验。

天府市民云上线"社智在线"应用平台汇集社区基础数据近2000万条涵盖居民库、房屋库、商铺库、家庭库等。对于市民而言，有了定制化的生活地图，找周边停车位、查询实时公交、预约运动场馆、大件垃圾回收、菜价查询、挂号就医、人才供需服务……这些信息都可以在"社智在线"平台查询。

作为成都首条以"智慧"为主题打造的大街锦城大道建设示范段已建成。根据设计方案，锦城大道将布局为"智慧锦城大街"，预留智慧锦城App接口、智慧休闲互动设施及试点智慧市政设施。多功能"智慧灯杆"，地面的方形井盖打开后，立起一根多杆合一的"智慧灯杆"。旁边的红绿灯、路牌、路灯、天网会视情况拆掉，所有的功能都将集合在一根灯杆上。

百度5G智慧城智能驾驶项目落地成都高新区，是四川首个智能驾驶示范项目。项目建成后，将向成都市民提供包括无人驾驶公交车和无人驾驶乘用车在内的自动驾驶运营服务，并在新川创新科技园区内打造多种无人化应用场景。

场景观察员：

"蓉易办""天府市民云""智慧绿道"……一个个响亮又顺口的名字，背后是智慧城市场景的构建，是政务服务的用心与暖心。在成都，笔者看到一个个的细分场景构建，正架起政府和群众之间的连心桥，兑现好名字背后的承诺，让群众有看得见、摸得着的获得感。成都也正聚焦高品质生活，切实满足市民多元化社会需求：深入推进优学慧学均等化、共享医疗网联化、就业社保在线化、养老服务便捷化，精准对接市民群众需求，提升民生服务精准性、充分性和均衡性，强化安全风险领域数据应用，提升城市全域风险感知、综合风险评估、耦合风险监测预警、应急综合协同处置能力。

第三节

科创场景涌现：培育高质量发展新动能

综观国际，无论是汇聚了众多科技巨头的“硅谷”，还是集聚了众多高校和科研院所的筑波科学城，还是被称为“最智慧的1平方公里”的荷兰埃因霍温高科技园区，无一不高度重视基础研究和创新基础能力的提升，因而成为一座城市，甚至一个国家的创新引擎。

激发科创活力，释放科创机遇，成都提出要依靠科技创新“第一驱动力”，以科技型企业为主角，以高品质科创空间为载体，实现城市发展动能从要素驱动向创新驱动的根本性转变。

投壶机器人、射箭机器人……四川大学 RoboCon 川山甲战队的副队长张滢悦和成员正抓紧调试将“出战”7月底全国大学生机器人大赛 RoboCon 的机器人（见图1-6），经过6个月准备，分工明确的机器人已初

图1-6 四川大学 RoboCon 川山甲战队调试并联四足机器人

现雏形，能根据指令完成一系列操作。依托高校优势，越来越多的科技成果在四川大学国家大学科技园实现了就地转化。

“十四五”时期，成都提出加快建设科技创新中心，强化原始创新能力，优化创新生态，推动全产业链创新提升，大力提升科技创新策源能力，打造高质量发展动能引擎，塑造未来竞争优势。菁蓉汇是成都高新区按照建设国家自主创新示范区打造具有全球影响力的国际创新创业中心目标定位建设的天府创新创业旗舰项目。项目总占地面积 95 亩，其中研发写字楼 7 栋、综合配套服务楼 1 栋。截至 2021 年 3 月，入驻孵化器 / 众创空间 35 个，种子期雏鹰企业 123 家，瞪羚企业 38 家。

为创新企业配置最优质的资源要素、为创新人才提供最优越的发展环境、为创新成果构建最高效的转化体系、我们将为创新产业营造最友好的金融生态……一个个互利共生、高效协同、开放包容、宜业宜居的科技创新创业场景在成都出现。这些场景为每一位勇攀高峰的科学家、创新创造的企业家、善为善成的投资人、追梦圆梦的创业者构筑创新共同体，汇聚成与时代同发展、与城市共奋进的创新潮。

一 重塑创新创业生态，校院企地深度融合

当前，成都在一些前沿领域开始进入并跑、领跑阶段，科技实力正从点的突破迈向系统能力提升。同时，成都拥有数量众多的科技工作者、科研院所。通过校、院、企、地深度融合，成都正营造更好的科技创新生态，让科技创新成果源源不断涌现出来。

西南交大材料科学与工程学院教授戴光泽的桌子上放着一叠叠研究资料。在这间小小办公室里，戴光泽坚持不懈地推进着我国高速动车组、城际列车和地铁列车关键零部件的国产化研发工作。“高铁关键部件的国产化之路，远没有想象的那么平坦。好在这一路虽然艰辛，但每一步都走得很踏实，也得到了很多朋友的帮助。”戴光泽说道。

除了教授这一职务，戴光泽还是四川城际轨道交通材料有限责任公司

的董事长。在中铁轨道高科技产业园，这家企业凭借一支科研团队的力量不断将科研成果应用到实际场景中，打破了动车组关键零部件国外垄断的格局，为高速动车组国产化工作做出了实质贡献。“公司的成立是一个很巧合的机会，更是对我国重大工程急需的主动适应。”戴光泽说道，2009年初，CRH5型高速动车组转向架关键零部件的国外供应商申请破产保护。在这样的情况下，长客找到西南交通大学戴光泽课题组，提出要国产化已经断供的铝合金推杆，而且周期非常紧迫。为了给长客供货，公司因此应运而生。

四川城际轨道交通材料有限责任公司由西南交通大学科技园代表西南交大和戴光泽共同持股。通过知识产权切割，激发教师创新创业的动力。戴光泽依托该平台，让“复兴号”CR400BF型动车组受回流系统中的关键零部件——轴端接地装置打破了高速动车组接地装置相关技术长期被国外垄断的局面，有力保障了我国时速300公里及以上速度等级高速动车组的安全、可靠运行。

创新成果的转化不能仅仅依靠高校和科研院所本身，构建一个互利共生、高效协同、开放包容、宜业宜居的创新生态场景，需要为每一位科学家、企业家、投资人、创业者构筑创新共同体。

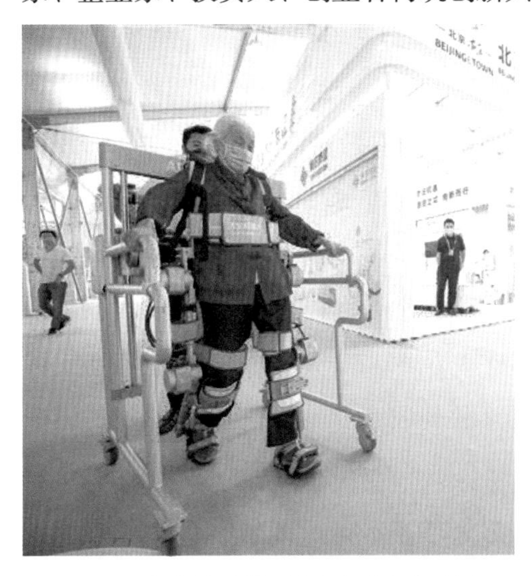

图1-7　老人体验外骨骼康复训练机器人

由电子科技大学程洪教授带领团队自主研发、自主生产的外骨骼机器人（见图1-7）能帮助肢体残疾人通过有效训练，促进神经功能恢复。在电子科技大学机器智能研究所副所长范新华看来，有了好的技术和相应的产品，该怎么应用、能不能应用，需要放在市场的场景中去推动和检验。

“我们在四川大竹县人民医

院打造出了一个智能康复中心，取得了非常好的效应。”范新华说，如今这款“成都造”的外骨骼机器人已经走向全国，国内很多三甲医院都用上了“四川造”外骨骼机器人。

最近，为了更好地服务于残疾人士，成都布法罗机器人科技公司还和成都华唯科技股份有限公司结成战略合作伙伴关系，利用成都华唯公司已经建成的康复信息化平台对布法罗外骨骼机器人用户的康复信息和使用状况进行记录、监控和指导，真正实现互联网时代的智慧康复理念。

场景观察员：

先行先试，越来越多的校院企地合作场景推动着成都快步向前。从《促进国内外高校院所科技成果在蓉转移转化若干政策措施》到“科技成果转化10条”再到“知识产权10条”，成都近年来推出了一系列举措，全力打通政、产、学、研用协同创新通道。2019年1月，国务院办公厅发布《关于推广第二批支持创新相关改革举措的通知》，要求将“以事前产权激励为核心的职务科技成果权属改革”，在全面创新改革试验8个区域进行推广。这项来自成都的经验已走向全国。

二　汇聚创新创业资源，构建高品质科创空间

聚焦创新提能，成都在产业功能区核心起步区打造集研发设计、创新转化、场景营造、社区服务等为一体的生产生活服务高品质科创空间，提升产业功能区创新能力。

这其中，既有四川大学科技园这样聚焦提升科创空间规划设计能力，提供“一站式”科技服务和高品质生活配套的空间；也有“芯火”基地这样聚焦提升科创空间创新支撑能力，支撑产业技术创新和成果孵化转化的高能级平台。

“师傅，到西源大道2006号成电国际创新中心。”长沙韶光半导体有

限公司外协主管何晓宇刚下飞机就拖着行李箱直奔位于成都高新西区的成都“芯火”国家“双创”基地。这家位于湖南长沙主要从事微电子产品的科研、生产及技术服务的企业，是专程前来完成可靠性分析测试的。“这次测试总体来说还不错，没问题的话，我们将长期合作下去。”

在集成电路产业链条中，芯片测试是不可或缺的场景之一。成都高新西区汇聚了英特尔、德州仪器、宇芯等知名制造测试类企业，随着产业发展环境的优化，集成电路产业集聚效应的增强，企业对专业第三方测试平台的场景需求也日趋旺盛。“集成电路企业测试需要大量的测试设备，这些设备安装调试流程长，且价格昂贵，‘芯火’基地这样的场景以低于市场价对企业开放，将有效降低企业成本，激发企业创新创造活力。”基地相关负责人表示。

“在‘芯火’基地这样的“双创”场景下，像我们公司这样的小微型集成电路企业才有机会在台积电这样的国际一流晶圆代工厂流片。”对此，成都维客昕微电子有限公司副总经理刘华感触颇深，除了帮助小型集成电路设计企业联络国际一流代工厂外，基地还和国内多家晶圆代工厂合作，为企业提供灵活多样的工艺选择。

从 2020 年起，科创载体的模式有了新的升级——高品质科创空间。这不是孵化器场景的简单升级，而是聚焦产业链创新链，提供“一站式”科技服务和高品质生活服务配套，以科技创新为主导构建细分领域产业社区，形成的以高智、高密、高能为典型特征的空间地标场景。

作为成都高品质科创空间的代表，四川大学国家大学科技园已形成 1.3 万平方米高品质科创空间，包含高端人才创业企业孵化区、全球青年大学生创业企业孵化区、科技成果交易服务区和公共创业服务区等空间板块。

“自 2019 年入驻这里以来，依托其人才资源与技术支持，我们已研发出精神可视化微创手术模拟培训设备。”作为一名连续创业者，成都赢锐科技有限公司 CEO 吴卓立对在成都创新创业很有信心，“这是一座张弛有度的城市，尤其是‘双创’平台众多，人才、资源、市场等场景叠加，这一点在科技园就能感受到。”吴卓立说，除了场地，园区还发放创新券用以抵扣企业所需的资源服务费用。同时，公共技术服务平台还给企业提供智能制造、物联网云平台和互联网+智能机器人等需求服务。

场景观察员：

在成都，高品质科创空间旨在建设成为以科技服务业为主要形态，满足特定产业创新需求的专业化公共平台。为此，成都提出，要坚持政府主导、企业主体、商业化逻辑，建设赋能产业的科创空间。要推动研发设计、生产服务、生活休闲功能场景融合呈现，吸引更多创新企业和研发活动向科创空间集聚。要提高科创空间规划设计能力、建设管理能力和运营能力，构建以创新平台、产业协作、专业咨询、运维能力为核心的竞争优势，实现"投建运管"一体化运作。旨在"努力将每一个科创空间都打造成一家科技服务型企业"。

三　释放资本市场能效，金融"活水"浇灌科创活力

鼓励科技创新，大力发展新经济新产业，培育经济增长新动能，不仅是政策的主导方向，也应是资本要素的流向。然而一些科技型、创新型企业融资难，一直是棘手的问题。传统的融资渠道如银行贷款需要抵押担保等，这与无抵押高风险的科技创新型企业的确难以匹配。成都通过创新科技金融服务场景，激活并引领资本要素、实现金融资源市场化配置，让资本要素成为产业升级和创新驱动的"助推器"。

对初创期科技型中小企业来说，"去哪儿找融资？"是必然会遇到的疑问。刘克也曾遇到同样问题。这位成都英博格科技有限公司总经理至今还清晰地记得创业之初他为公司财务"揭不开锅"而失眠的情形。"合伙人自筹资金接近枯竭，去哪儿找投资？大家都不懂。"然而4月20日，他的语气却变得轻松，"最新一轮融资时，公司估值已经上亿元。"

让公司"死里逃生"的，是本土创投机构一笔300万元天使投资。而

促成此次合作的，是盈创动力科技金融服务平台。该平台在全国率先提出中小企业“梯形融资服务体系”。“简单地说，就是针对不同企业、不同阶段的融资需求构建服务体系，做到‘总有一款适合你’。”成都高投盈创动力投资发展有限公司相关负责人介绍。

新场景没有止步于诞生地，盈创动力科技金融服务模式被纳入国务院改革创新经验并在全国推广。截至2019年12月底，已累计为8100余家科技型中小企业提供债权融资超过535亿元，为435家企业提供股权融资近86亿元，为34000余家企业提供投融资增值服务，助推80余家企业改制上市。

不仅仅是为企业与本地金融机构牵线搭桥，盈创动力还搭建场景，招引全国知名投融资机构，助力资本来蓉，推动科技型中小微企业做大做强。“我们在成都高新区财政金融局的指导下，运营了成都高新区科技金融大厦，预计聚集资金规模超1000亿元。”该负责人介绍，大厦目前已吸引新希望金信、新腾数致、赛富基金等具有影响力、知名度的金融机构与金融科技企业入驻，入驻率超过80%。未来，将打造成成都高新区科技金融产业主要聚集载体，中国西部极具影响力的“科技金融聚集高地”。

笔者在走访中看到，为科创的场景还在不断丰富。2019年，成都通过知识产权为科创企业融资开辟了新渠道。“通过知识产权融资，让‘知本’快速转变成‘资本’，解了我们企业的资金之渴。”成都威能士医疗科技有限公司创始人唐成康告诉笔者，几个月前企业研发出针对户外场景使用的室外捕蚊机，由于前期研发投入大量资金，在产品推广时遇到经费困难。企业发展陷入“瓶颈”之际，唐成康以该项发明专利进行知识产权融资，通过成都高新锦泓科技小额贷款有限责任公司的知识产权融资产品“资产贷”，在进行知识产权评估后获得了200万元的授信。笔者了解到，锦泓科贷通过与知识产权评估机构合作，直接根据企业知识产权的评估得分匹配贷款，仅半个月就已帮助两家企业获得融资。

据悉，区别于以不动产作为抵押物向金融机构申请贷款的传统方式，知识产权融资是指企业或个人以合法拥有的专利权、商标权、著作权中的财产权经评估后作为质押物，向金融机构申请融资。"中小型科技企业大多都是'轻资产型'，由于固定资产少、土地房产等抵押物不足，无法申请融资，普遍因资金短缺无法持续开展研发创新、扩大产能，限制了企业发展。"成都高新区财政金融局相关负责人表示，通过知识产权融资将这样的无形资产变成现金流，为科技型中小企业融资开辟了一条新渠道。

场景观察员：

风从西部来。近年来，随着成都创新生态系统的场景持续丰富，越来越多的在蓉高校院所成果转化，将以往转化地首选沿海城市的现象，转而变为在成都就地转移转化与产业化。与此同时，另一个"回流"现象亦不容忽视——越来越多的金融机构纷纷"用脚投票"，选择在成都安营扎寨，选择与成都创新企业最近的距离，让"资本"与"知本"用市场化的场景对话，而其结果，就是在短短几年时间里，成都雏鹰、瞪羚、准独角兽、独角兽企业群体的持续增量裂变。

放眼中国西部，成都通过创新科技金融，激活城市动力源，孵化培育了一批新经济科技企业，"最适宜新经济发展的城市"已成为共识，有力促进一批科技企业高质量发展。

四　人力资本协同：让人才资源得到深度开发

新经济作为成都经济发展的新动能，与人力资本的关系既延续了劳动经济学的经典逻辑，又因其本身的特点而表现出新的机制特征。在成都，新经济对人力资本提出更高要求的同时，新经济的蓬勃发展又从教育决策和培训需求等方面反哺整个劳动力市场的人力资本积累动机，营造出更多新场景。

"工作和生活是人生很重要的两件事，我已经把生活融入成都，也想在这里成就职业梦想。”2021 年 5 月 22 日一早，来自斯洛文尼亚汉学协会的司马文斐便来到 2021 年成都外籍人才招聘会现场。2021 年是司马文斐来中国的第 15 年，也是其定居成都的第 5 年，此次他想找一份与教育相关的工作。这样的外籍人才招聘会成都已连续举办六届，岗位匹配度以每年 10% 的速度递增。（见图 1-8）

图 1-8 助“国际蓉漂”在成都成就职业梦想

人才招聘会只是成都加快构建符合城市发展需要的人力资本协同体系，将人力资源优势充分转变为人力资本优势的一个场景。

城市因人而兴，企业逐人才而来。成都有 65 所高等院校，每年可为企业提供约 30 万名大学毕业生。2017 年推出“人才新政”以来已累计吸引超 46 万青年人才落户，目前成都人才总量超 550 万，连续两年获评“中国最佳引才城市”。连续 12 年稳居“中国最具幸福感城市”榜首、一年可观雪山 70 次的“雪山下的公园城市”……一张张闪亮的城市名片让成都成为新一线城市中最受年轻人喜欢和中高端人才净流入率最高的城市。通过全方位为“蓉漂”服务，成都构建起符合城市发展需要的人力资本协同体系，将人力资源优势充分转变为人力资本优势。

自 2017 年发布“成都人才新政 12 条”至今，成都累计吸引新落户青年人才超过47.6万人，其中30岁以下人才占78.9%。四川省第七次全国人口普查数据显示，成都市常住人口突破2000万大关，成为我国第四个人口超2000万的超大城市。这也意味着，10年间成都人口增长了约582万人之多。这些直观数字的背后是一个个人力资本协同发展的场景。

第四节 人力资本协同：让人才资源得到深度开发

一 新模式融合创新，让人才资源得到深度开发

推动人力资本与城市战略目标、产业发展和资源禀赋的契合不仅需要深度开发具有专业技能的职业人才，更需要掌握核心技术的高层次人才。成都通过人才学院、产教融合共同体、协同创新平台、私董会等新的组织模式，构建"基础人才—中端人才—高端人才—企业家"不同层次人才开发培养体系，推动各类人才知识结构和能力水平与城市发展相匹配。

盛夏6月，非洲莫桑比克已进入干季。早晨8点不到，首都马普托港轮渡渡口排起了近百米的车队。不远处，非洲第一大悬索桥——马普托大桥正在建设，它将结束海湾两岸靠渡轮通行的历史。大桥上，穿橙色工服的袁凤祥、胡煜晗拿着仪器，正在进行桥面铺装后的监控测量、荷载时间等工作，为大桥的正式通车做最后准备。袁凤祥是老师，胡煜晗是学生，他们来自四川交通职业技术学院道路和桥梁工程系。在这里，非洲最大悬索桥成为他们的产教融合"实训地"。这是成都深入推进产教融合、实现人才资源深度开发的一个生动场景。

"从没想过，我作为学生能够到非洲来，参与一个这么重要的项目建设。"一年多时间，莫桑比克的太阳让胡煜晗皮肤变得黝黑，但说起工作，他掩饰不住自豪。

马普托大桥主跨680米，通航净高60米，总长度约3公里，是目前非洲主跨径最大的悬索桥，也是莫桑比克最大的基建项目。建成后将成为马普托市地标性建筑，使莫桑比克拥有一条真正意义上贯穿南北的陆地交通干道，促进沿线经贸和旅游业发展。在“一带一路”倡议的推动下，马普托大桥选择了“中国建设”，由中国路桥工程公司承建。建设方在选择测量技术服务团队时，看中了四川交通职业技术学院。

历来重视产教融合的四川交职院，有雄厚的师资实力，与四川所有交通建设检测甲级单位、一级及“中”字头施工企业、优秀设计单位等有多年的深度合作。这次，马普托大桥成为国际化的产教融合实训地，四川交职院积淀的技术服务能力得到检验。

推动人力资本与城市战略目标、产业发展和资源禀赋的契合不仅需要深度开发具有专业技能的职业人才，更需要掌握核心技术的高层次人才。为引进海外高层次人才，成都在伦敦、多伦多、法兰克福、首尔等地建立起31个海外人才工作站，支持离岸创新创业，积极搭建“成都海外创新创业大赛”“菁融汇海外行”等人才项目对接场景，吸引海外高层次人才来蓉创新创业。

30岁的王胤超就是他们中的一员。一次偶然机会与位于“硅谷”的成都天府新区北美创新中心建立了联系，由此萌生了将自己与导师、“现代密码学之父”惠特菲尔德·迪菲教授的项目落户到天府新区的想法。在王胤超的推介下，迪菲教授对成都产生了浓厚的兴趣，并期待着2019年开启他与成都的故事。热衷于物联网等前沿技术的以色列人Ehan（中文名舒毅升），是“硅谷”以色列企业家联盟主席，同时也是一名发明家和未来学者。2018年，舒毅升作为嘉宾曾前往成都参加北美人工智能企业中国行活动，正是这一次的成都之行，让舒毅升发现了新的机遇，成为天府新区海外人才工作站的一名顾问。如今，成都已集聚一批站在行业科技前沿、具有国际视野和能力的领军人才，引进诺贝尔奖获得者8名，自主评选“蓉漂”计划专家659名、团队64个。

场景观察员：

在成都，人才资源深度开发的新场景不止有产教融合、海外人才工作站。成都正按照开放共享的发展理念，积极整合市场资源和社会力量，探索打造人才学院、产教融合共同体、协同创新平台、私董会等新的组织模式，构建"基础人才—中端人才—高端人才—企业家"不同层次人才开发培养体系，推动各类人才知识结构和能力水平与城市发展相匹配。

二 新业态衍生发展，让人力资源更好服务产业

在成都，不断涌现的新职业，不仅为更多人提供了人生出彩的机会，还激发经济创新驱动发展的潜能。而新职业的培育需要全社会共同努力，这其中既有赖于企业和个人的大胆探索，也离不开政府层面对新业态的包容和推进。当政府监管给予新业态、新模式更多空间，社会给予新事物、新职业更多包容，就能为新职业的生长提供良好的土壤。

"互联网营销师作为新职业人才需求首次进入成都人才白皮书！"这让位于成都市武侯区的"中国女鞋之都"的主播赵映财激动不已，马上和同事分享这则消息。他相信未来会有更多人可以在这个新职业里找到工作，也找到成就感。

"也是没办法了，赶鸭子上架吧。"有点刚直的男子变身女鞋带货主播，需要将自己41码的脚穿进一款女鞋里。但开局却十分辛苦，打开回放，可以看到他首场直播2小时，只有几十人围观。"女粉丝可能更喜欢你站在男性的角度评论鞋子和搭配，粉丝量噌噌涨了起来。"赵映财有点高兴，也没少暗地里跟自己较劲，抽空就看直播回放，找不足，一点点记下来。"中学考试都没那么认真。"作为唯一的男性，赵映财在2020年的"6・18"大促中销售额超过16万元，成为团队销冠。

“现在，有了城市对我们的认可，以后的路肯定会越走越宽。”赵映财口中的“认可”源于成都在人力资本协同应用场景中连续多年出炉人才白皮书。“随着新业态的不断衍生，我们希望将人力资源匹配精准到产业、精细到行业、精确到岗位。”据成都市人社局相关负责人介绍，白皮书聚焦产业（行业）细分领域和产业链、生产链、创新链的关键环节、关键工位、关键点位，系统梳理产业链全貌、细分产业链结构、细化产业链模块。“特别是2021年网约配送员、调饮师、健康护照师、互联网营销师等国家发布新一批新职业人才需求首次进入人才白皮书，为成都新经济、新消费、新功能、新业态的培育发展和人力资源协同营造更多的新场景。”

场景观察员：

不只关注职业的变迁，成都正以产业引导、政策扶持和环境营造为重点，不断完善人力资源服务体系，提升人力资源开发配置水平。依托人力资源服务产业园建设、培育人力资源服务“独角兽”企业、引进人力资源总部型企业、打造人才小镇等形式，助推市场化的人力资源服务新业态萌发与成长，助力形成新的经济增长点。

三　全生命周期保障，将“蓉漂”从概念上升为城市战略

创新有平台、创业有底气、就业有机会、情感有归属，“让蓉漂成为时代风尚”，是城市对广大青年和人才的承诺。成都正立足建设国内循环战略腹地和国际循环门户枢纽，大力推动人力资源协同发展，构筑人才可获取性、创新创业活跃度、生活成本竞争力、城市宜居性的比较优势。（见图1-9）

图 1–9 "蓉漂"在绿道上畅跑

"2017 年我来到了这里成为一名'蓉漂',过上了'像成都人'一样的日子。在这座公园城市里,我们一边生活一边创作,这就是我们理想中的价值。"MORE VFX 合伙人、《流浪地球》制作总监刘珊珊向笔者描述着自己在成都生活工作的场景,"成都的同事经常在饭点的时间,向北京公司的同事'凡尔赛式'炫耀——楼下那两三百家店,早就吃腻了……吃着火锅加班,加烦哦……"

在成都生活、工作的三年时间里,每天都能亲自品尝到这些"凡学",在刘珊珊看来,这样的生活方式给创作提供了更多素材,让工作变得更专注。她说:"来到成都的这三年,会发现在这里安家可以让我们的艺术家能够把精力更多地放在自己的创作上。有了这种更优质的生活保障,我们可以更专注于自己的事业。"

创新有平台,创业有底气,就业有机会,情感有归属——这是成都要给人才们营造的场景。根据青年创新创业就业筑梦工程规划,成都将引进培育高能级重大创新平台 160 个和各类创新平台 2000 个。搭建校院企地合作平台,高校、科研院所、企业实验室、大型科研仪器、工业设备开放率达 85%,每年举办"菁蓉汇""蓉漂杯"等各类创新创业赛会活动 200 场以上。(此段与前面创业部分有重合)

2017 年 4 月,成都市第十三次党代会鲜明提出"让'蓉漂'成为时代风尚”。“蓉漂”，从概念正式上升为城市战略。当前，“蓉漂”已成为承载人才梦想的代名词，越来越多的优秀人才争当幸福“蓉漂”，在这里追逐梦想，实现个人价值，携手成都发展。

过去12年里，王暾集中所有精力做的一件事就是地震预警。带着自己的全部积蓄以及从亲朋好友那里筹集的资金从奥地利回到成都，王暾创建了成都高新减灾研究所。在创业之初，人们对这个全新领域还不理解。“公司起步时，成都高新区提供了250平方米的办公区域，资金扶持更是给公司雪中送炭。”王暾说，公司最窘迫时几个月发不出工资，账户上只剩下1.4元，是高新区成功帮助公司申请到科技部的专项资金，保障了公司接下来的发展。如今，王暾公司的地震预警技术已广泛应用于境内外。

场景观察员：

以践行新发展理念的公园城市示范区的广阔平台和强大磁场吸引人才来蓉发展，以天府之国的舒适宜居属性和移民城市的开放包容特质引导人才栖居成都，在全生命周期保障下，城市将和“蓉漂”共同成长。

第五节

消费场景焕新：为美好生活提档升级

成都正以促进形成强大消费市场为基本方向，加快建立符合超大城市功能需要和满足市民美好生活需要的产品创新和消费拓展体系，构建全面体现新发展理念的消费制度体系，在消费供给创新、消费环境营造、消费理念引导、消费文化变革、消费感知提升等方面形成全面体现中国特色、时代特征、城市特质的国际消费中心城市。

成都的张女士一直有健身的习惯，一个多月前她入手了目前市面上销售火爆的一款智能健身镜，张女士告诉笔者，对于像她这样每天打卡的健身爱好者来说，健身镜相比线下健身房便宜又便捷。作为集人工智能、内容服务、硬件于一身的新型健身产品，健身镜在关机状态下和普通的镜子没有什么区别，开机之后，镜面上就会出现 AI 虚拟教练，在线实时指导教学。对于一些没有时间去健身房的消费者来说，可以利用碎片化的时间在家健身，还可以和孩子一起锻炼，增加亲子互动。

这是一个消费升级的典型场景。不难看出，随着消费市场和消费行为的提档升级，线上线下消费的边界正逐渐模糊。消费者更加享受方便快捷、追求品质生活以及个性定制化的购物体验，购物场景日益丰富。为满足消费者的多样化需求，应对新的消费趋势，越来越多的成都企业加强合作互通，依托技术和零售基础设施，逐步打破线上线下、地域、供应链、平台等边界，以更好满足顾客的需求。

我国 2020 年社会消费品零售总额达 40 万亿元，国内巨大的消费市场是拉动新经济发展的重要动力。2020 年成都在全国国际消费中心城市发展指数中排名第三，社会消费品零售总额达 8000 亿元。成都作为千年商都，消费观念时尚前卫，网约车、共享单车等新消费指标居全国前列，这为新零售、新文娱、健康生活等新经济发展提供了重要场景支撑。

站在中华民族伟大复兴引领大城市崛起的时代风口，成都正坚守以顺应人民美好生活向往为逻辑起点、以促进形成强大消费市场为基本方向、以深化供给侧结构性改革为工作主线、以塑造时代价值培育战略优势为长远目标的价值导向和路径选择，给每一个生活在成都和来过成都的人留下故乡的感觉，促进产业和消费互促共进“双升级”，努力创造以公园城市、休闲之都为特质的生活场景和人文生态。

一 新技术带来新产品，数字化产品开辟消费体验新蓝海

新一代信息技术与社会经济深度融合，深刻改变了居民的消费习惯，包括直播电商、无接触配送等新业态陆续涌现，5G 终端、智能服务机器人

等新产品日渐成熟，超高清视频、虚拟现实等新应用加速培育……

走进成都拟合未来科技有限公司（FITURE）的办公区，就可以感受到 FITURE 创业的火热。目前，成都公司员工已近 400 人，工位略显紧张。因工位不够，命名为“瑜伽室”“舞蹈室”“哑铃室”等的会议室，暂时坐满了员工。

2021 年 4 月，公司宣告完成 3 亿美金 B 轮融资。智能健身领域第一只独角兽，更成为全球运动健身领域 B 轮融资数额最大的企业。对公司正在做什么，业界有种说法，其颠覆性创新，可看作智能健身界的“苹果公司”。

公司联合创始人兼总裁张远声认同这一说法，“从智能手机角度来说，苹果公司是一个新物种，而且这个物种给到用户极致的体验。我们的出现也是健身领域的新物种，同样可以给用户极致体验”。

对于其商业模式，张远声概括为：硬件 + 内容 + 服务 +AI。怎么理解？“我们创业的起点，在于当前健身的‘痛点’。”张远声说，几位公司创始人都是健身达人，他们从自身的健身经历中发现，去健身房很不方便、很难坚持，“交了几千元年费，一年也没去过两三次”。

而推出 FITURE 魔镜产品的目的，就是解决这个“痛点”，在家里就能达到健身房一样的效果。硬件方面，公司自主研发与设计，实现量产；内容方面，上海搭建的专业录音棚，请国内顶尖健身教练打磨课程，由专业的内容团队来为课程量身编曲；服务方面，也有专业团队负责用户端的迭代升级与优化，重视用户体验；AI 技术应用层面，健身过程中的 AI 人体姿态识别及纠错将为健身效率带来更好指导。

2020 年 11 月，首款硬件产品“FITURE 魔镜”上市，一台售价近 8000 元，截至 4 月，销量已上万台。而在 FITURE 团队的畅想中，随着技术的发展，这面镜子或许还将构建更多的场景，“我们可以想象，FITURE 智能健身魔镜可能会成为未来用户家庭里的一个智能终端入口。例如，通过虚拟现实，我们可以从 FITURE 智能健身镜魔镜中看到自己穿上某品牌最新款服装的模样，并通过与魔镜的语音交互直接下单；或许，它也变成了与家人视频通话更好的工具，当你出差在外时，你的家人、孩子可以通过镜子看到一个和真人差不多大小的你出现……"。

场景观察员：

新技术的应用离不开智慧消费基础设施的建设。成都正加快补齐教育、医疗卫生、文化、体育等公共服务设施供给短板；推进网络基础设施升级，支持通信企业开展5G网络规模组网；探索5G通信、人工智能、区块链等前沿科研成果商业化应用，推动各类信息消费体验中心建设；探索设立新经济产品（服务）交易平台。

二　新技术催生新模式，信息消费乘势起飞

在线教育，打开知识学习新空间；在线医疗，在云端接受健康诊疗；在线直播，随时随地分享生活……近年来，全球新一轮数字浪潮蓬勃兴起，新一代信息技术与经济社会各领域深度融合，带动信息消费加速突破，供给侧质量和能力不断提升，成为创新最活跃、增长最迅速、人民群众感受最强烈的新兴消费领域之一。据统计，2020年我国信息消费规模达到5.8万亿元，在最终消费中占比超过10%。2020年，成都获评特色型信息消费示范城市（生活类）。

最近，成都市民陈详花近4000元购买了一台极米无屏电视专门放在卧室看电影，又花了100多元在"薄荷阅读"为自己购买了一个英语阅读课程。值得一提的是，这些产品、服务，均由成都的企业提供。在线学英语、网络订餐、扫码支付……现如今，信息消费已渗透到居民衣、食、住、行服务全过程中。

"以往提及投影，大家联想到的使用场景多是教育和商业领域，极米创新性在于从家用场景出发，赋予了投影行业新的生机。"极米科技董事长钟波在接受采访时曾表示，极米主要通过LED光源大幅提升投影的使用寿命，同时整合音响、内容源，加入智能系统，大幅降低投影使用难度。

极米科技相关负责人表示，今后公司将继续保持同业技术领先地位，强化自身技术壁垒，并探索行业前沿技术，为全球用户不断提供高端科研力与优越用户体验感的智能投影产品。

自2018年开始，极米科技连续三年入选成都新经济“双百工程”重点培育企业。钟波表示，未来会加大品牌投入力度，同时继续加大线下渠道布局和拓展海外市场力度。依托中国西部（成都）科学城，极米科技将建成以成都为总部基地，辐射宜宾等地的产业圈，助力四川光学领域上下游生态及产业规模化加速形成。

数字经济时代，信息消费这一新型消费领域的拓展，将给信息产业带来新的增长点。购买一部智能手机，从打电话、上网所产生的通信费到下载安装各种App，在阅读、看视频、使用团购业务等操作行为所产生的花销都是信息消费的一环。积极培育信息消费热点，促进消费结构优化升级。

此外，成都信息基础设施配套较为完备，信息消费环境不断优化，企业信息消费正高速增长，深化“互联网+先进制造业”，建成工业互联网标识解析平台，培育工业云服务平台28个，新增上云企业1.2万家，液态奶产品标识解析应用、汽车云平台零件制造解决方案、重装云制造平台等入选国家试点示范项目，“两化”融合发展水平位列副省级城市前列。建设了覆盖全市政务系统的网络安全监测平台，对重要信息基础设施开展了工控系统安全监测，有力保障了信息消费安全。

场景观察员：

正在力推场景营城和城市美学的成都，以人为本，从生产导向转向生活导向，以公共视角构建与新时代生活方式及新经济产业发展更契合的生活服务场景，多维度全方位打造各种悠闲的公园自然场景、摩登时尚的大都会场景、高品质的生活社交场景、智慧化的商办场景、周全便利的体育运动场景、充满文化灵气的剧场展馆场景、烟火气十足的夜市场景、具有历史气息的保护街区场景、令人寻味接地气的小马路场景……百花齐放各具美感的各种场景催化出与众不同的商业魅力。

第六节

绿色低碳发展：让城市自然有序生长

成都正主动担当公园城市首提地和示范区责任使命，以减污降碳为战略方向，加快推动经济社会发展全面绿色转型，坚定不移重塑城市空间布局，破解环境资源约束，让城市自然有序生长。

沿着河滨、溪谷、山脊，连接湿地、公园、绿地，2021 年天府绿道建设将突破 5000 公里；“上班的路”和“回家的路”，自然地串联起生产与生活的轨迹；锦江之上，人们坐着画舫，听着古乐，欣赏沿岸光辉耀眼的灯光秀；五岔子大桥、城市之眼、空港花田……一个个由绿道串联起的地标列满了市民周末的“打卡清单”，绿色低碳的公园城市新场景越发明晰。

清晨五点半，东方泛起鱼肚白，整座城市还“睡眼惺忪”。在温江区一幢 32 层高楼楼顶，摄影师田相和已蹲守多时。他不住地调试手里的相机等待着一场“约会”，一场天地姻缘的际会。6 点 20 分左右，当 240 公里以外的“蜀山之王”贡嘎山出现在眼前时，他震撼得差点忘记按下快门。清晨的阳光“唤醒”了洁白的雪峰，一座座连绵的雪山逐渐显现，被镀上一层金黄，圣洁而庄严。

作为“雪山发烧拍友”的田相和，把在城市拍摄雪山的高度从海拔 6000 米刷新到了海拔 7000 米以上。照片很快被发到网上，刷爆了成都人的朋友圈。当城市融入大自然，碧水蓝天日日得见，绿地公园开门即是，千秋雪成为窗外惯常风景，诗意栖居的美好生活，也不过如此了。

二十里路香不断，青羊宫到浣花溪。绿色低碳发展，生态本底正逐渐浸润成都人的新生活，也在重塑一座城市的发展新格局。一个绿色低碳的成都正在长大。

一　绿色低碳的简约生活场景

绿色发展，人人有责、人人可为。习近平总书记强调："要增强全民节约意识、环保意识、生态意识，倡导简约适度、绿色低碳的生活方式，把建设美丽中国转化为全体人民自觉行动。"近年来，成都公众环保低碳意识不断增强，特别是在碳达峰、碳中和目标引导下，绿色低碳生活蔚然成风。

家住武侯区铁佛新居小区的李晓霞走进了小区外一间二十多平方米，名为"垃圾分类（碳中和）小屋"的玻璃房。她将废纸箱放在电子秤上，在电子屏幕上选择类别后，系统自动显示重量，点击确认后扫描电子屏幕上的二维码，微信钱包即时收到16元。不到1分钟，李晓霞就卖完了小板车拖来的一车废纸箱。

"线下称重—线上换算—立即到账"，极简的操作方式让这座小屋迅速得到居民认可，"开放运营以来，现在每天的回收量在500公斤左右，前两个月每一次清运都要比前一次增长约40%"。现场工作人员告诉笔者，2021年1月14日，全国首个碳中和垃圾分类小屋在成都投入使用。截至5月10日，该小屋产生的碳中和数据（碳减排量）达到15.282吨。

除了便捷，这座小屋与其他可回收物的回收场景有什么区别？与"碳中和"又有什么关系？答案就在居民扫码后的页面上，除了卖废纸的收入，还有一栏显示着"碳中和吨量"。"卖废品的钱可以直接提现，碳中和的量可以换算成碳币，可以在对应手机应用里买东西，也可以积累到100个碳币提现。1吨碳中和量等于100碳币。1个碳币等于1元钱。大家通过垃圾分类让更多可回收物被再次利用，积累到100碳币的时候，就可以兑换提现100元钱。"

笔者在工作人员手机上看到，目前他的碳中和总量为0.372吨，等于37.2个碳币。同时显示，他的碳中和量相当于少开车465公里，或者是减少煤炭燃烧0.744吨，抑或省电372度。该工作人员表示，每个人只要呼吸，就在进行碳排量。进行垃圾分类让可回收物再次被利用，经过换算得到一个碳中和数据，相当于因为该行为而减少的碳排放量，可以抵消一部分自己各种活动产生的碳排放量，所以叫碳中和，通俗地说，就是碳抵消。

"除了垃圾分类，大家还可以在手机应用里参加碳中和相关知识答题等活动获得积分。积分也可以转换为碳中和数据。"该工作人员表示，可回收物变现的同时增加碳中和数据奖励，一方面可以调动大家垃圾分类的积极性，另一方面可以让大家更直观地了解碳中和的概念，以一种更易接受的方式让大家改变一些固有习惯。

不只是垃圾分类回收，如今绿色低碳生活场景已经深入成都人生活的方方面面，正逐渐改变着成都人的生活方式和思想观念：用公交、地铁、共享单车等多种方式，高峰时段避开拥堵、快速到达；新能源出租车和公交车为乘客提供绿色环保低碳出行的乘车环境……

场景观察员：

面向未来，成都提出要营造简约生活场景，培育绿色健康生活方式，加强对生活垃圾分类、绿色出行等环保行为的组织发动，精心策划社区邻里节、社区运动节等群众性户外活动，引导市民从封闭空间走向公园绿地享受健康生活。

二 绿色低碳的产业生产场景

绿色发展是制造业可持续发展的内在要求，是实现先进生产、宜居生活、优美生态和谐统一的根本途径，也是做好碳达峰、碳中和工作的关键。在实现"双碳"目标的过程中，能源结构"高碳"的工业企业产能扩张力度将受到较为严格的碳排放限制，产能退出和压减速度加快。但同时，产业内技术、设施更为先进的企业则有望进一步占据竞争优势，通过实现目标倒逼企业转型升级，寻找新的增长点。

在位于成都市经开区的四川一汽丰田的涂装车间，一辆辆汽车正有序通过流水线进入喷漆房。笔者身处车间，竟然闻不到刺鼻的油漆味儿。“这是最新的绿色生产工艺；以水性涂料为主的三涂一烘的3C1B工艺，除罩光漆是溶剂型外，全部使用水性涂料。”现场的工作人员介绍，汽车涂装与环境影响密切相关，四川一汽丰田的水性涂料约占全厂涂料用量的81.3%，整个涂装车间为全密闭车间，有机废气收集率达到99%，废气采用沸石轮转浓缩后经RTO焚烧处理的治理措施，去除率90%以上。

这样的绿色低碳理念彰显于工厂里的每一个场景。生产场景“绿”。车间内，各条生产线上，智能机械轮转不歇，生产废气集中收集、生产废水过滤后循环利用，“生产洁净化”落实到了每一个细节。

环境场景“绿”。车间外，静谧怡人，群芳吐艳。独立设置的“危废堆场”、污水处理站等环保设施掩映在红花绿草之间。穿行在遮阴避雨的步行走廊中，宽阔干净的道路两旁，绿植夹道欢迎，整个工厂内，绿地与透水地面的面积就占了三成。

能耗场景“绿”。办公区内，每一个工位上方，垂下一根电源开关。人走灯关，不再是“一亮亮一排”的耗电办公了。室内空调设定温度，夏季26℃以上、冬季18℃以下。

制造业的绿色场景既借由产业链向纵深延展，也在通过园区向四周辐射。四川一汽丰田所在的成都经开区是工信部认定的国家级绿色园区。以园区为载体，园内制造企业正在整体迈向绿色发展。从产业结构看，与传统制造业园区不同，成都经开区制定《成都绿色智能汽车产业功能区总体规划》，重点招引先进汽车、高端装备项目，先进汽车重点发展先进乘用车、节能新能源汽车、关键核心汽车零部件，高端装备重点发展智能制造装备、航空航天装备、现代工程机械。设计投资强度、建筑密度、产出强度、环境准入4项约束指标，在环境准入方面，主要污染物排放严格执行国家或地方排放标准。

需求侧的成都工业企业通过模式升级、能效提升实现绿色低碳发展的同时，供给侧的能源结构转型同样重要。通威集团是全行业首家提出"碳中和"目标的民营企业。"通过推动全厂数字化建设，化石能源逐步替代等方式，通威集团已提前规划、布局，并正在积极起草、推动行业相关标准建立。"通威永祥股份有限公司相关负责人表示。

2021 年 7 月公司再次传来好消息：通威太阳能利用 PERC 量产设备通过电池制程工艺创新 M6 大尺寸全面积（Area=274.50 平方厘米）电池转换效率可达 23.47%，并经 ISO/IEC 17025 第三方国际权威机构认证，创造了 M6 大尺寸全面积产业化 PERC 电池效率的世界纪录。

场景观察员：

绿色生产的场景经开区澎湃涌动，绿色生产的场景亦在成都落地生根。2021 年初，工业和信息化部办公厅发布了《关于反馈 2020 年国家新型工业化产业示范基地发展质量评价结果的通知》，作为四川省唯一一家获得发展质量总体水平"五星"评价的示范基地，节能环保·四川金堂示范基地上榜。近年来，这里已发展成中西部地区规模最大、集中度最高、门类最齐全、配套最完善的节能环保产业基地。

三　绿色低碳的城市空间场景

习近平总书记指出："要坚持不懈推动绿色低碳发展，建立健全绿色低碳循环发展经济体系，促进经济社会发展全面绿色转型。"成都提出要建设践行新发展理念的公园城市示范区，大力推动产业生态化和生态产业化，加快建设碳中和"先锋城市"。力争到 2025 年，成为具有全国影响力的碳中和产业综合发展"引领区"、技术创新"策源地"、市场应用"标杆区"，建成以绿色为新优势的可持续发展先行区。

要实现碳中和，既离不开切实的产业场景，更需要空间场景。天府新区湖畔路东段兴隆湖旁，独角兽岛的启动区已完工 95%。2021 年春节后上班第一天，施工方中建五局独角兽岛启动区项目执行经理贺鑫来到现场安排最后收尾工作。“按计划3月就将正式交付给运营部门。”

这是独角兽岛建成的第一个建筑。笔者走进其中的第一感受：不开灯也很敞亮。贺鑫介绍，建筑中间为中空式螺旋设计，最大限度接收自然光线。白天，自然光能覆盖70%面积。而建筑边缘的房间，也通过在向阳面开天窗的方式引入光照。“只需在较暗的地方用LED灯补充下亮度就行。”

营造绿色低碳的场景不仅需要市民、企业家的积极响应，更需要政府积极营造城市级的场景。作为公园城市的首提地，四川天府新区正与国网四川省电力公司全面有序推动“碳中和”相关项目建设，共建天府新区公园城市“碳中和”示范区。双方将深化对接，打造沉浸式“碳中和”展示体验场景。

“节能减排是实现碳中和的具体手段。但碳中和是一个数据目标，不能只是‘定性’地节能减排，具体减了多少，排了多少，要有‘定量’的数据监控。”国家电网四川电力互联网部数据采集与管理处处长徐厚东说：“我们将建设‘能源智慧大脑’，全程追踪天府新区的‘碳足迹’。”

徐厚东介绍，以前的碳排放测算很“粗”——根据GDP数据和行业类别进行估算。而他们接下来要做的，就是要让测算变“细”。怎么变细？“构建全新的‘碳排放计算模型’。”在天府新区，碳排放的计算将精准融入能源消耗量、能源种类、工作人员结构、行业构成形态等所有影响碳排放的因素。每个行业甚至每个单位的碳排放量、趋势、规律，都能精准检测到小数点后两位。

这套系统建设成熟后将不止应用于天府新区，它将依托能源大数据资源，汇聚电能生产、传输、使用等全链条数据，对全川3184座水电厂、242座火电厂、1871座光伏电站以及35座风电场进行实时感知，构建全省的动态排放因子测算模型。

“除去建筑本身的能源控制，建筑之外的减排也是关键。”钟鹏说。一方面，以独角兽岛为例，整个岛的建设将配合未来建成的TOD项目，进行绿色出行方案整合，引导大家通过公交出行，降低碳排放量。另一方面，在私家车出行上，徐厚东介绍，目前整个新区也在快速铺开汽车充电桩网络。"2022 年底四川将建成新能源汽车充电桩 20 万个以上，天府新区将成为重点区域。"

场景观察员：

成都在积极推动绿色低碳成为城市级的场景。2021 年 4 月 1 日，成都市产业功能区及园区建设工作领导小组第八次会议暨投资促进工作会上传来消息，为加快培育面向未来的新增长极和新动力源，成都把握我国实现碳达峰、碳中和战略目标带来的新一批产业发展机遇，正在抓紧谋划和布局碳中和产业生态圈。这一动作的背后，是成都"十四五"时期积极贯彻新发展理念，建设美丽宜居公园城市示范区的整体考量。

第七节

现代供应链完善：内陆也能联通世界

随着社会商品交换的日益频繁，负载商品流通和交付使命的物流活动应运而生，而从汉代的"列备五都"到盛唐的"扬一益二"，成都作为对外开放的重要枢纽城市，以四通八达的商贸口岸和飞速发展的国际物流体系，向世界输出中国的智慧创造，也接收着汇自全球的经济动能。成都国际供应链体系建设与新经济活力双向赋能，共同助力加快打造供应链枢纽城市和国际门户枢纽城市。

"三文鱼快到了，出发！"2019 年 8 月 28 日 23:20，双流机场国际货站报关大厅灯火通明，双流机场海关监管一科科长陈杨放下手中的工作，带领关员何砚迅速赶往国际货站海关查验区。

23:22，他们大步流星赶到查验区，一批刚从飞机上卸下来的进口三文鱼刚好运抵。这是一批来自智利的三文鱼，共有 100 件总重约 2.5 吨，当天搭乘从亚的斯亚贝巴起飞的 ET636 航班，经历大约 9.5 小时飞行后，于晚上 10 时抵达双流机场。23:30，这批三文鱼顺利通过海关检疫查验，整个过程仅用了大约 8 分钟。23:40，这批三文鱼被装上了货车，从双流机场国际货站出发，运往双流区白家海鲜批发市场。24:00，这批三文鱼抵达白家海鲜批发市场，被装进了冷冻库保存。

得益于现代供应链的创新应用，成都市民可以闻着荷兰郁金香的芳香欣赏美丽的马拉维鲜花；可以享受智利三文鱼的鲜美大餐时，看见英国面包蟹、泰国对虾在厨房里活蹦乱跳。

事实上，在经济全球化下，企业间关系呈现出日益明显的网络化趋势，供应链越来越受社会各界的关注和重视。一杯星巴克咖啡由 19 个不同国家提供原料，一台苹果电脑依赖于全球 700 多家供应商提供产品和服务支撑，供应链对增强企业全球竞争力作用日益凸显。

如今，发展现代供应链已经上升为国家战略，成为各地深化供给侧改革、推动产业转型升级、促进降本增效的普遍共识。成都高度重视现代供应链建设，为多维度发展、全方位构建供应链场景提供了根本保障。成都正加快构建内陆开放型经济新体制，打造现代供应链发展体系和供应链平台体系，推进高能级开放平台建设；持续提升泛欧泛亚陆港主枢纽和国际航空门户主枢纽通道集散功能，加快引育现代供应链头部企业，推动物流基础设施高标准互联互通，有效降低区域要素流转成本。

作为成都融入全球供应链体系的前沿和有效载体，开行 8 年的成都国际班列和中欧班列建立起以成都为主枢纽、西进欧洲、北上蒙俄、东联日韩、南拓东盟的成都国际班列线路网络和全球陆海货运配送体系。

一　上下楼就是上下游，产业功能区聚合生产供应链

开放是成都未来发展的最大外部变量。成都正把产业功能区作为服务

"双循环"的枢纽节点和功能支点，探索建立适欧适亚适铁适航产业基地，共同搭建"通道 + 物流 + 产业"供应链体系和"成都总部 + 区域分中心"等形式的"走出去"综合服务平台，以增强海外物流配送能力和面向全国的产品集成能力为牵引，全面提升区域全球通达、供应链辐射和企业"抱团出海"的能力。

"如果你用的是折叠手机，那屏幕很有可能来自成都京东方。"京东方科技集团股份有限公司副总裁秦向东如是指出。5 年前，京东方投资建设首条第 6 代柔性 AMOLED 生产线，到现在，成都不仅拥有全国仅有的两条实现量产出货的全柔性 AMOLED 显示屏生产线之一，并且正集聚起柔性显示屏生产优势。秦向东告诉笔者，这多亏了周边"邻居"的帮忙。原来，这些年，京东方周边多了不少和它上下游的配套企业。

一场新冠肺炎疫情，按下了经济运行的"暂停键"，也让很多制造企业意识到：当产业上下游协同、零配件适配、物流运输等平衡被不可抗因素打破时，自己所处的产业功能区就是稳定供应链的重要场景。这正是成都一直以来推动构建的城市比较优势，也是为城市"满血复活"并进而按下"快进键"的"先手棋"。成都以产业生态圈为引领，推进产业功能区建设，着力打通全市域、同城化、跨行政区域多层次全方位的产业链、供应链，有效提升区域产业配套率，增强产业发展韧性的理念格局。

在过去，孤零零的京东方，生产线上的一个精密金属配件的清洗，都要打着"飞的"去国外，一个来回就要 40 多天。"是干等，一方面我们需要等，另一方面因为它物流周期比较长，我们需要备的这种备件数量就比较多，数量多了以后会占用我们的成本。"而现在，这种清洗的企业就在园区里，两三天洗好的配件就能送回来。"效率大大提高了。物流的距离短了，这个材料设备的运输质量也得到了一个很好的提高。"秦向东说。

从京东方的厂房出来，开车大约 10 分钟，也就是距离它厂房 3 到 5 公里的范围，就能看到很多上下游的配套工厂。这些工厂有的已经建成了，有的还在建设中。好邻居越来越多，而这个变化源自成都一项开创性的城市空间场景，京东方划归到新成立的电子信息产业功能区，新成立的电子信息产业发展局，就是专门为电子信息产业做全链条服务。

电子信息产业功能区建设推进办公室主任李江波指着图对笔者说："我们过去招商有点百花齐放，你看这儿还有做制药的，还有做包装的等等，比较杂乱。现在我们按照'一枝独秀'的方向来发展，更加注重大项目来了，挖掘它背后的上下游产业，形成一个产业集群。"

政府思路的转变，让京东方的好邻居越来越多，出光兴产来了，黄金地来了，合肥美铭来了，围绕京东方这个龙头，形成了30多家从上游原材料、中游显示面板到下游终端生产的全产业链，一个世界领先的产业生态圈正在形成，也吸引着更多的优质项目向这里加速集聚。

不久前，京东方上游核心材料供应商——路维光电的光掩膜板项目顺利投产。作为中国首家打破垄断，实现大尺寸光掩膜板国产化的企业，这是企业成立20多年来，第一次在外设立生产基地。成都路维光电有限公司董事肖青说："我觉得是一个产业集群的吸引力，成都的整个产业地位跟我们的整个行业还是很匹配的，对我们市场开拓和后续的发展，我们觉得是很有利的。"

场景观察员：

成都正以产业生态圈为引领建设产业功能区，推动经济工作组织方式深刻变革。聚焦打造"5+5+1"现代化开放性产业体系，构建14个产业链、创新链、要素链、供应链、价值链"五链融合"的产业生态圈，建设66个产城融合、职住平衡、交通便利、生态宜居的产业功能区。以产业生态圈为链接机制、以产业功能区为赋能平台，产业能级持续提升、创新动能加快培育，电子信息产业成为全市首个万亿元级产业集群，高新技术产业营业收入突破1万亿元，轨道交通、生物医药成为国家首批战略性新兴产业集群，飞机制造、超高清显示、网络安全等领域研发能力居全国前列。

二 密切对接供需，打通商贸供应链

为完善现代商贸流通体系，成都正培育一批具有全球竞争力的现代流通企业，支持便利店、农贸市场等商贸流通设施改造升级，发展无接触交易服务，加强商贸流通标准化建设和绿色发展。加快建立储备充足、反应迅速、抗冲击能力强的应急物流体系。

"江源镇双井村的玉米熟了，高质量的甜糯玉米，焦急的脱贫户和有爱心的您，我们将三者连接起来，开启爱心认购！"打开菜鸟易购平台 App，这样的文字映入眼帘。新冠肺炎疫情期间，由四川菜鸟易购供应链管理有限公司总经理钟勇一手创立的菜鸟易购为简阳上万户家庭和援鄂生产企业进行食材保供，至今带动 300 余户农户解决农副产品销售，金额达 690 万元。

"我出生在农村，见过很多乡亲在农产品销售上遇到困难，因此一直希望能尽我所能帮帮他们。"谈及做这些事的初衷，钟勇动情地说道。在创立菜鸟易购之前，钟勇在一家软件公司上班，主要为餐饮企业提供软件安装配套服务。渐渐地，钟勇发现，他的工作可以解决终端问题，但却难以解决餐饮企业在食材采购方面成本高昂的问题，同时，由于信息不对称，地道的农副产品销售不畅，供需十分不平衡。

创建一个平台，既可以解决农户的销售问题，又能降低企业的采购成本，让老百姓吃到便宜又健康的蔬果。有了想法后，钟勇开始了自己的尝试。经历不少艰苦，钟勇创立了菜鸟易购，专注生鲜供应，打破农产品地域限制，将全市各镇（街道）的农副产品统一收购，并以最快的时间送到企业和消费者手里。

"去江源镇收购莲花白，我给的收购价是 6 毛一斤，销售到市场上就能从原先的 2 元一斤变成 1.5 元一斤，我们接通蔬菜基地和市场，缩减了中间流通成本，消费者购买价低了，农户也能拿到比之前更高的收购价。"钟勇说道。"为耕者谋市场，为食者保安全"，这是菜鸟易购的宗旨，也是钟勇给自己定的信条。为此，钟勇专门在公司创建了检测室，对线上出售的农产品进行抽检，确保农产品质量过硬。

当钟勇创建的供应链平台在简阳初露锋芒时，水果产业发达的蒲江则已经形成了聚集优势，引得物流公司纷纷抛来橄榄枝。这些供应链企业落户蒲江后，带来的是物流成本不断降低。依托蒲江水果生态链，目前，蒲江原产地水果产业园已经引进和培育中粮、新发地、佳沃、原乡等一批龙头企业，建成 12 万吨水果气调保鲜库，水果商品化处置率达到 95%，连攀枝花的杧果和石榴、安岳的柠檬、盐源县的苹果也愿意将水果运输到蒲江“中转”，川西南水果集散中心初步形成。

农业科班出身的罗超曾参与田间地头的土壤改良，如今转型到供应链运营，成为成都市蒲江原乡现代农业有限公司营销总监。对于这样的供应链场景感触很深，“种植端到销售端之间的保鲜仓储运输物流，是打通二者壁垒的核心关键”。蒲江原乡现代农业有限公司做的就是提供这样的场景。对于农户来说，原乡现代农业这样专业的仓储物流公司，可以帮助农户完成水果的分选、包装、仓储、运输和销售。同时，公司还能为电商企业提供订单服务和气调保鲜库存。现代化设备能够对水果品质进行把控，有利于形成区域水果的品牌化。

如今，预计总投入 35 亿元的“中国西南果都”已在蒲江正式开建。项目拟规划建设水果商贸中心、水果科创中心和水韵橘香农旅聚落，最终形成“世界知名，全国领先”的特色水果产业融合发展示范区。其中，西南特色水果智慧冷链物流中心项目规划建设智慧仓储气调保鲜库，库容总量达 30 万吨，以中大型仓储冷库为主，体积达 150 万立方米。该项目将通过利用物联网、大数据、人工智能等技术，实现仓内无人运输、自动分拣包装、自动立体库等无人作业方式，聚合西南地区、东南亚等地区优质水果资源，供销全国乃至全球。

场景观察员：

成都正完善现代商贸流通体系，培育一批具有全球竞争力的现代流通企业，支持便利店、农贸市场等商贸流通设施改造升级，发展无接触交易服务，加强商贸流通标准化建设和绿色发展。加快建立储备充足、反应迅速、抗冲击能力强的应急物流体系。

三 在内陆联通全球，形成供应链物流体系

现代物流业的现代服务业创新转型是重点发展领域。这其中，坚持以国际供应链思维谋划“覆盖欧亚、链接全球”的国际物流体系是基础，全面推动国际物流与现代农业、先进制造、商业贸易等领域的深度融合、交互拓展是关键。如今，成都正加快拓展亚蓉欧战略通道体系，深化国际供应链创新应用与产业赋能，不断打造新场景、新产品、新业态，国际供应链创新应用的“成都机遇”将持续释放。

现代物流是经济全球化的产物，也是推动经济全球化的重要服务业。一趟趟国际班列不断助力成都加速构建国内大循环的战略腹地、国际大循环的门户枢纽，持续降低物流成本、提升物流枢纽服务效率，推动外向型产业集群在成都成链成势。

2021 年 5 月 21 日，TCL 王牌电器与成都青白江区签署项目合作协议，标志着 TCL 出口加工制造基地正式入驻成都国际铁路港综合保税区。TCL 王牌电器在成都做出新的战略布局，与成都的一条四向拓展的陆上国际大通道——中欧班列运输优势有关。（见图 1–10）

早在 2016 年，TCL 就搭乘成都中欧班列开行“TCL 专列”，将出口产品从成都运往欧洲。而这也让 TCL 尝到了甜头——货运周期是海运时间的三分之一，价格是航空运输的五分之一。以前，TCL 出口产品主要依托海运，然而自从搭乘成都中欧班列后，感受到了出口产品运输时效高、成本低的优势，也正因如此，TCL 毅然决定将该公司 80% 的欧洲订单从广东惠州转移至成都，依托中欧班列能够更快响应欧洲客户的需求。据悉，自中欧班列 TCL 专列首发以来，TCL 成都工厂出口量和出口额均实现了年平均 30% 的增长，平均每周有 3—4 趟 TCL 专列从成都发往欧洲。（见图 1–11）

图 1-10　蓉欧快铁发车

图 1-11　成批的集装箱整齐地码放在成都国际铁路港，准备搭乘中欧班列——蓉欧快铁出口到“一带一路”沿线国家

2020 年成都发布的《成都市现代物流产业生态圈蓝皮书》提出，未来 5 年内，成都将进一步降低物流成本，提升国际物流枢纽服务效率，社会物流总费用与 GDP 比率持续下降，同时持续完善物流网络，优化国际物流服务体系结构。其中，明确了到 2025 年空铁多式联运降低物流成本 8% 以

上，中欧班列全程运输成本至少降低 10% 的目标。

2021 年 4 月 26 日，成都中欧班列再次上新，新开通的两列班列分别连通荷兰阿姆斯特丹、英国费利克斯托两个境外站点，打通了成都至欧洲最远城市的海铁联运通道。目前，成都已拓展 7 条国际铁路通道、5 条国际铁海联运通道，畅联境外 61 个城市，建立起以成都为主枢纽、西进欧洲、北上蒙俄、东联日韩、南拓东盟的成都国际班列线路网络和全球陆海货运配送体系。

与此同时，成都 2021 年新开通成都至达卡等货运航线，国际及地区航线数量目前已达 131 条，其中国际定期直飞客货运航线 81 条。高效而畅通的国际通道，为畅通物流供应链提供了有力保障。一组外贸数据就展现了成都的物流集聚能力和辐射能力：2020 年成都外贸进出口规模创历史新高，突破 7000 亿元大关，较 2019 年增长 22.4%，稳居中西部外贸"第一城"。

成都已与全球 235 个国家和地区建立经贸关系，其中 2020 年成都对"一带一路"沿线国家进出口同比增长 29.9%，成都的经济外向度达 40.4%，为近年来最高水平。

物流通道场景的打通，是成都从内陆城市到开放前沿的标志。2021 年第一季度，成都实现进出口总额 1742.4 亿元，同比增长 25.7%，其中，成都高新综合保税区的贸易总额更是稳居全国同类保税区首位。但从更长远的影响看，物流通道场景为成都带来的机遇，还关乎产业优化，关乎贸易集散地的形成，以及城市经济更高质量的发展。

场景观察员：

成都正不断拓展对外通道，持续拓展"48+14+30"国际客货航线网络，有序推动重点区域定期直飞航线航班恢复和重要航点频次加密。建设亚蓉欧陆海联运战略大通道，加快推进成自铁路至昆明段、成渝铁路成隆段、成达万高铁、沪渝蓉高铁成都至重庆段建设，宝成铁路改造工程争取纳入国家规划。协同推进隆黄铁路叙毕段和黄桶至百色铁路建设。全力推进中欧班列集结中心建设，做强中欧班列（成渝）优质品牌，深化“枢纽对枢纽”的“欧洲通”运输模式，增强成都国际铁路港承载集疏功能。

专家点评：

成都是我国新时代新经济模式有效发展的典范。成都长期秉承“以人民为中心”的发展理念，以热爱人、吸引人、留住人、发展人为营城主线，以信息技术革命和系统制度创新为主要路径，建构了开放、包容、绿色、创新、梦想的集体人格，努力实现贯穿生产生活方式几乎所有领域的科技创新，逐步形成高创业率、低失业率，社会和谐喜乐、经济持续发展的良性循环。在我国率先探索出一条经济高效率发展、人民高品质生活、城市高质量治理的人民满意城市的有效路径。

——中国人民大学叶裕民教授

第二章

“成都人”的生活——美好消费 “新新向蓉”

健康、集约、时尚、绿色而又充满生活美学的消费活动是幸福美好生活的重要体现，也是场景理论的发源之处。从新发展格局的高度来看，更高质量的消费场景是国内大循环的重要组成部分，是连接国内国际双循环的重要枢纽环节。作为国家中心城市，成都积极发挥历史底蕴和城市特质，洞察新时代人们对美好生活的向往与需求，加快建设国际消费中心城市，开展高能级商圈、特色街区、新型消费等领域美好消费场景营造，提出建设八种类型消费场景。本章以“成都人的 1 天”为脉络，追寻时光轴里的成都消费场景，从这一独特视角讲述新消费场景“服务人”的精彩故事。

第一节

潮流风向新体验：地标商圈潮购场景

随着城市化进程的加快，城市商圈的空间集聚效应对城市发展的作用越来越重要。综观全球部分知名商圈不难发现，无论是在新加坡的滨海湾商圈，还是在伦敦的金融城商圈，抑或是上海的陆家嘴商圈，生态环境优美、产业聚集、高端消费集群相融、生活服务配套完善、特色文旅设施林立等特征无一例外被包括其中。

在 2019 年底的建设国际消费中心城市大会上，成都就提出要重点建设提升春熙路时尚活力商圈、交子公园商圈等地标性都市级高端商圈，加快建设奥体城、空港新城、西博城、天府总部商务区商圈等功能错位的区域级商圈。以重点商圈为载体，发展品牌首店、国际新品首发、时尚秀展、主题乐园等业态，在跨境电商体验店、高端定制店、跨界融合店等最新最酷潮流店中感受“成都购物”，零时差把握国际时尚脉络，引领潮流风向标。

一　春熙路商圈：传统商圈的国际化之路

“众人熙熙、如登春台”，传承千年商业基因的春熙路商圈坐落于成都核心城区、国务院命名的商贸繁华区——锦江区，西起人民南路、东至沙河、北抵华星路、南达锦江。 春熙路商圈是成都市商贸经济的一张重要名片，按照市委、市政府建设国际消费中心城市的决策部署，春熙路商圈持续提档升级，大力招引国际知名品牌，传承发展天府文化，培育壮大各类消费新业态，着力打造新消费场景。通过多项创新举措，商圈活力显著提升，消费市场强势增长。

在“00 后”女孩黄曦看来，成都最 in 的约会场景是“大熊猫屁股底下”。

它不是某个动物园的入口。这个"屁股底下"，是这座城市顶级的购物中心之一——成都国际金融中心（IFS）（见图 2-1）。在它的 1—2 楼比肩接踵地排列着大牌旗舰店，其中不少都是"中西部首店"和"西南区旗舰店"。Balenciaga 华西区首店、Burberry 西南区旗舰店、Dior & Dior Homme 中国最大旗舰店、Moncler 华西区首店、Salvatore Ferragamo 亚洲区最大旗舰店、Valentino 中西部首店，还有最显眼的，也是唯一的 3 层 Louis Vuitton 西南区最大旗舰店。它们甚至说服了向来对店铺选址和合作伙伴极端苛刻的 Chanel 在这里开出中西部首店。

成都带来了前所未有的国际风尚及丰富多元的业态组合，随之亮相的大熊猫户外艺术装置 I AM HERE 也迅速俘获了大众的心，成为成都的城市

图 2-1 成都 IFS，众多品牌争相进驻

名片；从全球首个空中“LIGHT ROSE GARDEN 玫瑰灯海园”，到中国内地首站的“NATURECONNECTS 方块动物世界”乐高艺术展，数十场连通海外与成都的文化艺术活动，让大众在商业场景中完成了精神生活体验，更向世界展现了一个日益国际化的成都。

随着成都远洋太古里、成都 IFS 等多个大型商业综合体落成，成都中心地带核心商圈迎来“第二春”——从以中华老字号为主的传统商圈，变成了以国际范、时尚潮为特色的国际化商圈。

在这里，成都的消费者的周末生活场景和 2000 公里外的上海乃至香港没有什么差别：人们可以在美心翠园和闺蜜喝早茶，然后去逛逛 3 楼和 4 楼的连卡佛。中午可以在一风堂简单吃碗拉面，下午去负二楼的言几又书店看看书，或者去 UA 影城看场 IMAX 大片。回家前，地下二层来自香港的精品超市贩卖各种进口食品和生鲜，可以完成一周的采购。工作日下班之后，来自台北主打夜店文化的 Stream 鸡尾酒吧也是上班族释放压力的好去处，它甚至有专门的出口通道，商场特别为晚打烊的餐厅和电影院开放特别通道，直至最后一个顾客离开商场才关闭红星路的商场正门。

如今站在繁华的春熙路、盐市口商圈，很难想象在 2010 年之前，成都只有王府井百货、百盛、仁和春天、美美丽城等老牌百货店，还有少数如伊势丹、伊藤洋华堂这样的日企经营的老牌百货商场。

作为“城市新地标”及中国西部最国际化的城市综合体，成都 IFS 积极引领城市国际时尚艺术风潮，为民众带来高格调的消费和生活体验。九龙仓中国置业有限公司助理董事兼总经理（零售租务及营运）侯迅曾表示，位于核心商圈的成都 IFS 无疑成功推动着成都时尚消费理念和前沿生活方式的飞速更新，让成都人与国际接轨，使成都时尚魅力不断攀升。

2020 年初，成都 IFS 在 6 周年庆典活动中公开了销售数据。官方给出的数据显示，项目 2019 年销售额与客流量分别为开业之初的 330% 和 300%，自开业以来连续 6 年出租率近 100%，拥有近 30 万 VIP 会员。入驻 IFS 的 300 多个品牌中，每年的品牌更新数量低于 100 家，其中一些包括租约到期和门店位置更换。在业态调整上，2019 年，为顺应零售趋势的发展，购物中心 2 层引入了一些设计师品牌，3 层引入了更多护肤和美妆品牌，例如 GUCCI BEAUTY、TOM FORD BEAUTY 等，还有一些珠宝钟表品牌。（见图 2–2）

场景观察员：

如此耀眼的销售数据增长是城市战略和地产商战略匹配合作的结果。作为中西部地区的核心省会城市，成都一直在对当地城市居民、周边游客和全球旅客产生着较强的吸引力，这为成都的零售商积累了潜力消费者。加上成都市近年来积极发展高新技术产业，使得当地吸引了更多人才回流和更多的高净值人群进入。伦敦地产服务商第一太平戴维斯在《2019 年科技城市发展》报告中公布了全球科技城市排名，成都作为唯一的中国中西部城市上榜。高净值人群的消费能力毋庸置疑，成都 IFS 的核心 VIP 画像为 25—40 岁的女性，她们的消费额每年从 20 万元到 1200 万元不等，营业额贡献 40% 以上，总人数超过 6.2 万。手机充值等多种生活服务业态，满足居民多样化、个性化的消费需求。

图 2–2　成都 IFS 营造"桃摇蝶舞"的美景，与市民一同迎春接福

二　温江光华商圈：错位发展的商圈

商圈的概念，是基于一种区域发展的概念，应该打破传统的行政区域的范畴。商圈的功能是解决区域的商业、休闲、生活、购物等配套，商圈主要还是依托区域经济的发展和周边覆盖的人群。光华商圈位于成都市温江区现代服务业园区内，分布在成都城西核心主干道光华大道两侧，以光华公园为中心，呈现带状分布。现在正以“光华中央公园·国际潮购都心——公园里的购物中心，购物中心中的公园”的总体定位，打造以“公园景观＋健康服务＋时尚消费”为特色，以商贸服务业为发展动力，以商务和居住为发展支撑的“公园式、体验型、时尚化、百亿级”国际化中央公园商圈，全力推动西成都消费中心建设工作。

“晚上吃什么？”

“不知道。不如去珠江广场看看吧，那边吃的多。”

这样的对话场景，越来越多地发生在温江市民的谈话中。如今，位于成都温江光华商圈的珠江广场已然成为大家尽享吃喝的新场景。然而，回想五年前很多人形容光华大道两旁楼宇时，使用频率最高的词汇却是“空城”。因为五年前，这里虽然高楼林立，入驻率却很低，商业气息较弱。如今，伴随着城市的发展，这里根据不同区域的人口分布、产业发展、地域文化和自然景观特征，因地制宜高品质打造了特色鲜明、与市中心商圈错位发展的地标商圈，避免重复建设和同质化竞争。

作为温江核心区域商业综合体的掌门人，珠江广场项目总经理唐宇亲眼见证了近年来温江商业和居民消费能力的升级，也亲手在温江打造了满足居民高品质生活追求的新消费场景。

随着居民收入水平的提高，新一轮消费升级正在展开，当越来越多的消费者加入中等收入人群的行列，并愿意为个性和消费品质买单之时，潜藏的商机也随之浮出水面。新的机遇下，商业从简单的买卖关系变成了一个多功能、多业态的融合。传统业态与新的体验交织，共同满足消费者对生活品质的追求。

据唐宇观察，消费者已经不再只关注解决吃穿用行等基本问题，而是开始在消费中显露出对美好生活的向往，对美好体验的追求。这种追求下，新的消费场景和内容应运而生。"以前，很多人吃碗抄手可能就很满足了，但随着生活水平的提高，更多人也想多尝尝日本料理；以前我们娱乐项目少，如今生活条件改善后，大家也愿意花更多钱来听听音乐会，体验下高雅文化艺术。"他举例说。

在唐宇看来，对于商业综合体来说，只有通过优化环境、带来新的场景体验，才能满足消费者对生活品质的追求和向往。只有这样，整个区域才能保持持久的活力。那么，如何将新的消费场景与本地资源禀赋结合？唐宇给出的答案是：把目光聚焦于呈现温江悠久历史文化，打造属于温江的"家园情怀"上。

2018年，珠江广场在其五楼打造了一座集"农耕教育、人文旅游、有机生活、慢享生活"四大主题于一体的农业主题观光公园——云朵公社。唐宇介绍，繁忙的都市生活使城市人接触自然的机会越来越少，很多人都有再回归田园、回归自然的想法，而打造"云朵公社"的初衷，正是迎合这种想法，把一个整洁的、有序的、具有优美风光的田园搬到闹市中来。"对于整日生活在钢筋水泥环境下的都市人，这里已经不仅是他们体验健康、绿色的生活方式和对旧时光情感回归的体验场所，也是作为新的城市生活中文化创意、艺术、生活方式的新承载平台。"他说。

场景观察员：

消费对经济发展具有基础性作用，是人民对美好生活需要的直接体现。而商业综合体作为一种复合型现代城市商业场景，整合了包括零售、餐饮、娱乐等在内的多种商业功能，满足了人们日常消费生活的多种需求，并且也逐渐成为城市公共空间的重要组成部分。商业综合体不仅极大地整合了原有城市商业中心的种种功能，也对城市的交通、空间布局、城市形象等空间场景都有着极大的影响。

第二节

烟火成都新韵味：特色街区雅集场景

一场艺术展览、一场爵士音乐会、一场诗歌沙龙……在成都的每个周末，不少这样小而美的特色雅集活动正在成都各个街区发生，规模不大，却充满韵味。在成都，越来越多文创空间、文创集群诞生在城市的社区里，掩映在居民小区之中，不追求大而全，而是小而美，兴起一个个“城市文创微园区”，让文创融入日常生活。

成都通过发展文化创意、休闲娱乐、美食品鉴、沉浸购物等业态，人们可以在体现天府文化基因和成都城市肌理的街坊里巷中穿越城市历史，在原汁原味、慢条斯理的特色小店中感受城市温度，品味市井烟火成都“慢生活”。

一　铁像寺水街消费场景：闲适安逸的开放街区

锦江壮阔，留下无数支脉浸润成都人的日常生活。其中一条肖家河，串联起城西、城南无数的街巷、公园和湖泊，在城南的繁华喧嚷中奔涌，又在一片以水为名的街区温柔、宁静地驻足——这就是铁像寺水街。成都人自古以来对桥的依恋，与水相处的智慧，都在水街得到了呼应。这亦有“蜀风水韵·现代生活”的特色文化商业街区，亦是成都高新天府新城按照对标国际一流、彰显国际范、成都味的重要示范性项目。（见图 2–3）

肖家河穿成都老城区而过，自北向南流到高新区铁像寺墙下。自 2013 年后，河上的桥和河边的街都变得不一样，焕然一新而成“水街”。沿着铁像寺水街的路牌一路往里，两边葱郁的绿树便将路上的喧嚣隔绝开来。

图 2-3 市民在铁像寺水街惬意休闲

水街里边，青砖黛瓦，川西特色的房屋依水而建。临水一旁，窗扉半掩；潺潺流水，越桥入街。高升桥、洗面桥、驷马桥、万福桥……这些饱含蜀地历史典故的地名，每一个都是一个故事，每一个都在水街一一呈现。

“这些桥现在都成为地名，历史上它们都是一座座各具风格的桥梁。如今，我们又在水街把这些地名变成实实在在的桥，每个老成都人看到这些桥，都会心领神会。我们想做到的就是复活地名，传承文化。”

桥之外，水街上的回澜塔、古戏台都有来头：回澜塔是仿照邛崃市的塔而建，古戏台的原型则在乐山犍为县；连爬满凉棚顶端的紫藤都有出处：来自新都升庵纪念园。每到传统节日，水街经常有民俗表演，特别是春节，已慢慢消失的老成都民俗在这里都能看到，很是热闹。

在铁像寺水街附近工作的王秀芳每天下班都会步行到河边的长廊上坐一会儿，“感觉很安逸，能找到原来老成都的感觉”。

除了环境风貌的场景打造，铁像寺水街还通过开展特色活动，增强游客互动；聚焦夜间消费，延长驻留时间打造特色消费场景。结合铁像寺水街文化特色，策划举办铁像寺水街二期开街系列活动，并配合重要节点策划节日类活动，引进开发一批文化体验类演出。以铁像寺水街二期开街为契机，结合铁像寺一、二期景区及文化特色，举行系列开街活动，提升街区知名度和影响力，引爆品牌影响力，并借助各媒体平台宣传街区。结合铁像寺水街特色，配合重要节庆节点，与街区内商家配合，策划和执行各种文化类、节日类、艺术类、民俗类活动，如IP主题展、手工课堂、品牌快闪店、城市文化节等，持续加深民众对街区文化的理解，并带动步行街区游客量增加。

场景观察员：

铁像寺水街结合自身项目特点，与成都市、高新区各级政府相关部门合作，开展包括美食类、音乐类、市集类多种夜间街区活动，提升了街区夜间人气，延长游客停留时间，增加街区夜间活力，构建出社交化、场景化、多元化的夜间消费场景。街区积极支持和引导街区商家差异定位特色发展，鼓励商家结合自身特点增加夜间经营业态，在其外摆空间在不同时间呈现不同效果，配合夜间灯光，营造出别具风格的消费体验、氛围。同时，街区还鼓励商家自行举办夜间文艺表演、夜间茶道花道论坛等活动，丰富夜间消费场景。

二　麓湖天府美食岛：成都岛屿消费新场景

麓湖天府美食岛位于天府新区华阳街道麓湖中路西段888号——麓湖水城4A级景区（见图2–4）。以美景滤镜喧嚣，以美食与世相接，天府美食岛旨在打造集黑珍珠、网红餐厅和天府人自己的美食街为一体的新区美食高地，激活区域商业活力，呈现国际范儿、成都味儿的浮岛消费新场景。

图 2–4 麓湖天府美食岛

下午五点，李超推开“子非”餐厅虚掩着的木门。这个静静地躺在麓湖畔的川西民居风格院落，仿佛一座“桃花源”：梁上悬着的鱼灯、回廊上摆放着的老物件、弥漫在空气中的焚香、戏台子上的琴声……低低地奏着属于这座院落的和弦。

与院里的安静形成鲜明对比，在这里，师傅们正忙活着为即将而至的李超和他的朋友们准备“麓鸣宴”。新鲜可口的食材卷着锅气盛入盘中，光是食器和摆盘，已经看得人眼花缭乱。

在这里，传播文化并非主要目的，而是将文化创造体验作为关键。享用“麓鸣宴”的同时，食客能体验到各种类型的助兴演绎、魔术、杂技、茶艺、酒令等宴乐之礼与燕飨之礼。

除了这家成都本地的传奇餐饮，岛上还有连续三年荣膺黑珍珠一钻餐厅的“银滩鲍鱼火锅”；还原宋代美学的“银庐”；带着浓浓东南亚风味并传递时尚生活方式的“白麓半岛”……每个人来到这里，都能享受到“一餐满足，一套大片，一日闲暇”的完美之旅。

在推广美食文化的同时，天府美食岛致力于打造西南独有的岛屿生活方式，聚集城市餐饮领头品牌，以黑珍珠餐厅＋顶流网红餐厅集聚城市级影响力。天府美食岛开岛3个月以来，以独特的岛屿缦飧场景，获得成都商业总评榜“2021最具期待商业”；大众点评区域商圈人气TOP1；媒体曝光量2500万＋，抖音同城榜第六，小红书官方推流必打卡；百度热力图天府新区持续热榜。

天府美食岛——浮岛·缦飧·听风，以浮岛呈现空间美学、以缦飧传承文化美食、以听风承载人文音乐。天府美食岛采用中国传统破面屋顶建筑风格，打造麓湖独有的“城市休闲度假餐饮”产品，供应“惬意”帮助用户转换心理状态，构建深度休闲体验，最终成为核心区域新中产休闲用餐首选地。

场景观察员：

天府美食岛积极适应消费升级需要，提升传统业态，培育壮大各类消费新业态新模式，创新在线消费新模式，在线支付覆盖全商户，已呈现抖音直播、小红书视频等云体验服务消费新空间。培育传承天府美食文化特色街区——言门十二味街；引进子非、银滩鲍鱼、银庐、柴门柴悦等黑珍珠餐饮品牌并提档升级落地为旗舰店；发展繁荣夜间经济，引进网红民谣餐吧不二入驻，品质升级为黑钻店。

三　成都音乐坊特色消费场景：文商旅融合发展的新动力源

这个以四川音乐学院和四川大学为依托的新街区，不仅见证了成都城市音乐厅的开放，更培养了大量音乐人才，也孵化了与音乐相关的诸多生态，成为成都乃至全国音乐人向往和聚集之所。眼下，仅仅只是短短一公里的音乐大道，就充满了接连不断的惊喜。

丝竹路，现在又叫音乐大道。这条道路跟很多城市道路都不一样：最外两侧是人行道，往里是车行道，两条车行道中间，是一个开敞式的游览空间，宽度大约11米。中间的开敞空间，是为各种街头表演预留的，“这个设计参照了西班牙兰布拉大街，可以看到来自世界各地的街头艺人表演”。

然而，过去这里是典型的老旧城区，很多小区都是2000年以前修建的，基础设施比较差。成都音乐坊片区还打造了一条“爱乐环”。

沿着成都音乐大道走，两侧还能看到许多乐器销售店铺，有些店铺的店招上，带有“微博物馆”字样。“在100多家乐器店中，选取了12家，按照‘一馆一特色’进行打造。”来自成都艺美惠社区文化发展中心的林惠敏说，这个项目达到了一举多得的效果。乐器店对店铺进行了重新装修，整个音乐大道的形象得到提升；微博物馆免费对外展览，定时承接社区的公益课程。对于乐器店而言，也有经济回报，相比2020年，12家乐器店的销售额有8%—25%的增长。

给大楼穿上彩色外套、在路面画上动人的音符、在街头植入和音乐有关的雕塑，这些只是给成都音乐坊穿上一件音乐外套，更重要的是要注入音乐元素，发展音乐产业。已对外呈现的成都音乐产业中心，就是音乐坊发展音乐产业的一个重要载体。该中心定位为集音乐、文化、交流于一体，创意消费、联合办公、社区商业、产业孵化等多种业态并存的文化创意创业综合体，目前已入驻90多家音乐类企业。

经过精心谋划与建设，这里已全面呈现音乐集市、潮音梦工厂、潮音多功能剧场、星梦STAGE等生活消费场景。同时，通过盘活区域老旧载体空间，积极提升消费品质，优化消费供给。利用音乐大道上原朴田火锅载体，以浸没式戏剧表演为特色亮点，挖掘成都本土独有音乐文化和特色戏剧主题，打造沉浸式戏剧体验剧场餐厅；依托十一街川西民居建筑氛围，利用原客道酒店载体，构建新中式生活美学场景，保留川西建筑的元素的同时用现代材料对空间进行打造；对老马路菜市场进行升级改造，内部保留菜市功能，外部底商进行业态调整，植入音乐产业，满足民生需求和产业协调发展。

场景观察员：

围绕静谧高雅、以文化人的建设标准，打造国际时尚的演艺场景、音艺雅集的交流场景、数字潮玩的体验场景、器乐展陈的艺购场景、全龄互动的教育场景，用场景营造提升音乐坊片区艺术氛围，把成都音乐坊建设成践行新发展理念公园城市的示范场景。

第三节
蓉城名片新玩法：熊猫野趣度假场景

“天下四川，熊猫故乡”，熊猫作为四川成都的城市符号，一直广受全国乃至世界人民的喜爱。自从大熊猫登上世界舞台，成都也在努力推动熊猫元素在文创、文博、非遗、艺术衍生品等消费场景的应用，争取拉动产业消费，吸引人才交流，并成功塑造了大熊猫城市 IP 形象。

一 “自拍熊猫”镜头背后的消费场景

当前，在建设践行新发展理念公园城市示范区的历史机遇下，成都坚持以公园城市引领城市生活方式变革，正在不断探索公园城市美学新范式和生活美学新表达，以匠心塑造城市记忆，用创意雕琢生活之美，打造城市生活美学的成都范例。值得关注的是，成都的城市建设过程中，有越来越多的国际知名建筑事务所和设计大咖加入其中。

踮起胖脚，举起手机，咔嚓一张……和“自拍熊猫”（见图 2-5）一起拍照的，还有慕名而来的绵阳游客李伶。2021 年 4 月 3 日，天府绿道上的都江堰仰天窝广场正式对外开放。

图 2-5 网红“自拍大熊猫”开放迎客

由著名设计师弗洛伦泰因·霍夫曼设计的大熊猫自拍艺术品雕塑同时揭幕。这只呈跷脚自拍状摆放在仰天窝广场中央的萌物将让人们更深刻地了解都江堰这座“三遗之城”“熊猫之都”。在它的背后，一个集文创、休闲、美食、网红打卡于一体的潮玩社区正带着它“城市新地标”的属性真实呈现。

值得一提的是，情景式揭幕让这只巨型萌宠和大家的见面方式显得更为特别。在现场情景剧中，熊猫人偶开启了一场寻友之旅，在这一过程中也融入了都江堰、青城山、熊猫等元素。通过情景剧形式向市民、游客展示这件艺术品以及它身后正在“上新”的潮玩消费场景。

据了解，此次正式对外亮相的大熊猫自拍艺术品雕塑是全球最大的公共艺术公司UAP和荷兰艺术家弗洛伦泰因·霍夫曼为大家送上的艺术献礼，它就摆放在天府绿道上的都江堰仰天窝广场。这只仰卧自拍的大熊猫长 26 米、宽 11 米、高 12 米，重达 130 吨。据设计师霍夫曼自述，“作品中熊猫举起手机进行自拍具有很强的娱乐性，那怡然自得的神情，悠闲自在的姿态，也是对当地生活一种艺术语言的表述，将给每一位观者亲切、愉悦的感觉”。该作品无论是从体量上还是其艺术形态、艺术创作理念上，都是独树一帜的。

在这个“自拍熊猫”刚刚上线的潮玩社区内，既有食铁兽集市这样以非遗文创、时尚文创、潮玩好物展示、销售为主题的消费新场景，也有为亲子体验和教育培训而打造的熊猫成长之路主题场景。对于热爱美食的潮玩一族来说，主打小吃轻餐、软饮甜品的“幸福味道——吃 HUO 胖哒”不容错过。在广场内还有一处用于双创公益和户外策展的“OPEN PANDA”。当然，在这里也不乏国潮涂鸦墙、涂鸦阶梯、光影打卡、光影互动等精彩丰富的场景等着大家去打卡。

据了解，此次和大家正式见面后，“自拍熊猫”也将正式开启它的征名活动。接下来，来到仰天窝广场的游客还可通过无人机与“自拍熊猫”进行专属 VLOG 拍摄打卡。通过仰天窝广场专属 PANDA PASSPORT 上的预设提示内容，找到广场内四大区域的打卡点位，进行打卡盖章后，游客就可通过“自拍熊猫”的自拍设备与它免费合影。

场景观察员：

该场景无论是从体量上还是其艺术形态、艺术创作理念上，都是独树一帜的。正如霍夫曼所言，复原那带有梦幻色彩“熊猫进城”的真实故事，将带给每一位访客终生难忘的全新体验。他也希望能透过这件艺术品，让人们更深刻了解都江堰这座“世界自然遗产、世界文化遗产、世界水利灌溉工程遗产之城”，这座名副其实的“熊猫之都”。

二　成都熊猫基地背后的度假场景

成都大熊猫繁育研究基地（见图 2-6）坚持科研旅游并重的指导思想，形成“产、学、研、游”一体的可持续发展模式。基地以造园手法模拟大熊猫野外生态环境，大熊猫产房、熊猫饲养区、科研中心、熊猫医院分布有序，若干处豪华熊猫“别墅”散落于山林之中。不同年龄段的大熊猫在这里繁衍生息，长幼咸集，其乐融融。

图 2–6　大熊猫基地迎来众多全国各地的游客

基地正围绕科学研究、公众教育、国际交往、旅游休闲、文化创意、户外运动等主要功能，将大熊猫的生态、文化价值和成都美丽宜居公园城市建设有机结合，规划启动了"熊猫之都"项目。

2020 年，"六一"国际儿童节，来到成都大熊猫繁育研究基地的游客络绎不绝，熊猫基地内的探秘馆广场也正进行着一场"六一"主题科普活动。这里是全球唯一的都市熊猫乐园，同时也是四川全省第一个游客接待量突破 900 万人次的旅游景区。如今，作为成都熊猫国际旅游度假区核心项目，熊猫基地改扩建工程正在紧锣密鼓地进行。建成后，该项目的规模将扩大 3 倍至 3570 亩。

在建设过程中，国宝"熊猫"无疑是该度假区特色最鲜明的主题。笔者从项目规划中看到，区域内的主导产业包括"熊猫·科研科普""熊猫·国际旅游""熊猫 · 精品文创"三大主导产业。项目将通过"科技交流、教育研学、主题游乐、主题演艺"四个细分业态，依托新消费新场景和完备的产业链条，打造享誉全球的国际旅游度假目的地。

打好“熊猫”这张牌，该项目将通过实施“两线三片十二景”特色景观塑造，沿蜀龙路、熊猫大道两侧建慢行绿道，植入熊猫文化元素、大运主题符号、植物花卉等景观，蜀龙路等熊猫景观轴已初步呈现。同时，备受期待的“网红打卡”“微度假公园”“景观花海”等主题场景也正在全力打造。

为了更好地服务游客，成都熊猫国际旅游度假区全域规划布局了文创演艺博览小镇、主题酒店聚集区、精品植物博览园、农业农庄景观区、交流港等产业空间和其他功能性空间。“我们将提供一个大熊猫国家公园的城市展窗。”成都熊猫国际旅游度假区管委会相关负责人说，作为成都市66个产业功能区之一的成都熊猫国际旅游度假区核心项目，熊猫基地扩建项目一期工程预计将在2021年5月全面建成。项目将充分发掘大熊猫国宝价值，在做好大熊猫科研保护的基础上，整合开发大熊猫IP资源，打造“熊猫＋艺术”“熊猫＋文创”“熊猫＋绿道”“熊猫＋演艺”“熊猫＋美食”“熊猫＋研学”等泛大熊猫文化主题的新型生态旅游产品，创新构建大熊猫主题新消费场景。

据悉，该项目还将传统单一观看熊猫的方式将转为可沉浸式、多维度地观看大熊猫。新园区还将增加餐饮、文创、影院等商业配套，将其建设成世界级大熊猫保护示范地和人与动物美好时光共享地。扩建后的熊猫基地以自然的动物、自由的游客和自在的科研人员作为主要目标，打造中国最友好的动物基地。

场景观察员：

该项目将传统单一观看熊猫的方式转为可沉浸式、多维度地观看大熊猫。新园区还将增加餐饮、文创、影院等商业配套，将其建成世界级大熊猫保护示范地和人与动物美好时光共享地。扩建后的熊猫基地以自然的动物、自由的游客和自在的科研人员作为主要目标，打造中国最友好的动物基地。

第四节 锦绣天府新画卷：公园生态游憩场景

随着成都建设覆盖全域的天府绿道，成都境内的生态区、公园、小游园、微绿地被一一串联，整个城市变为一座巨大的“公园”。成都提出，要重点打造锦江公园、龙泉山城市森林公园等示范公园，加快推进天府绿道建设，重现“岷江水润、茂林修竹、美田弥望、蜀风雅韵”的锦绣画卷。以公园、绿道网络为载体，发展运动健身、亲子互动、公共艺术、户外游憩等业态，在“公园+”“绿道+”场景中感受蜀都味、国际范的公园城市生活魅力。

一 公园里拓展的文化消费新场景

新金牛公园（见图2–7）是金牛大道沿线规划建设系统打造“天府文化景观轴”的核心节点，同时地处金牛区知识经济为主导的智慧商务中心。公园正着力在公园内营造舒适、创意体验的商业场景；营造多元时尚、主题突出的公园场景；营造互动共享、全民参与的街道场景；营造亮丽缤纷、全时活力的夜间场景；营造智能高端、未来科技的新经济消费场景。最终实现以“最美公园”带活“最美商圈”。

图2–7 新金牛公园市民休闲区

绿油油的草皮，五彩斑斓的花

朵，造型别致的雕塑，多样的消费场景……每一个细节都精打细磨，每一个角落都生动有趣、充满生活气息。“这是一座家门口的公园，我们经常来散步游玩！”市民周银吉感慨新金牛公园的今昔之变。“我们家就在北三巷，以前灰尘大、噪声大，门前还有条臭水沟，来个人都不好意思在家中迎客。如今坐在宽敞明亮的家中，推窗就可以看到风景如画的新金牛公园。”他乐呵呵地说：“从脏乱差的低洼棚户区，到漂亮大气的公园旁小区，真是太幸福了！”

新金牛公园坐落在营门口立交与金牛立交之间，东西长达1.8公里，是目前全国最大的城市街心公园，因其细长的“身材”被金牛人亲切地称为“小蛮腰”。据介绍，新金牛公园项目总建设面积约11.2万平方米，是金牛大道沿线规划建设系统打造“天府文化景观轴”的核心节点，同时也是金牛区以知识经济为主导的智慧商务中心。公园内栽植约1700株乔木，按照文化展示、绿色生态、都市活力、互动交流四大主题进行打造。

漫步公园，蓝色的步行道、红色的骑行道营造出亮丽多彩的视觉感。逛累了，路边有座椅方便休息，盖碗茶造型、科技感十足的椅子，让人印象深刻。

有得逛，有得玩，还有各种文化活动场景体验。记者发现，新金牛公园的魅力不止于颜值，更在于它方便的设施设备和丰富的休闲娱乐体验。公园的角落，摆放着智能终端机，里面摆放了各种商品，市民在绿道上逛累了，扫码即可购买。2019年6月，“遇绘”绘本馆正式开馆，它以文创商业为核心业态，以绘本艺术为引领，打造涵盖书籍、生活美学、亲子互动、咖啡品鉴的TOD文创空间，将公园、TOD、亲子、艺术有机结合起来，提升社区人文环境，丰富市民精神文化生活。

公园内还利用原来茶店子小学教学楼，打造了6层集展览陈列、文创中心、文创生活馆于一体的金牛区展览馆，2021年元旦刚刚投用。其中1—3层为展览馆，通过全息投影、纱幕、裸眼3D等多种形式，让你沉浸式体验金牛璀璨的历史；4—6层的工业设计馆，让你可以近距离体验工业设计之美。

"新金牛公园和周边商业、交通相互联系，这里不仅可以休闲健身，还能满足市民吃饭、喝茶等生活需求。"成都金牛国有资产投资经营集团有限公司相关负责人介绍。

据介绍，随着公园生态环境的呈现，除德商集团国宾锦麟天玺项目外，目前片区内云上观邸酒店、领地等项目也正在加快推进。接下来，金牛区将对茶店子片区的业态进行升级调整，引入餐饮、丝绸等业态。对一品天下大街外立面、业态等进行升级，引领产业高端化。

"目前，周边的商业综合体面积在 110 万平方米左右，等周边建设完成，总面积将达 160 万平方米。"金牛区相关负责人介绍，通过营造消费场景，新金牛公园正实现片区 100 余万平方米商圈的人气聚集，正以"最美公园"带活"最美商圈"。

场景观察员：

公园开放的边界、加宽的步道、增花添彩的设计，以绿色、开放的姿态吸引着众多的社区居民。整个公园游览路线兼顾了步行、慢速骑行等多重市民可体验的设计，与周边城市步行空间紧密衔接，感受城市日新月异的变化。

二 公园里拓展的生态消费新场景

芳华微马公园（见图 2-8）位于古蜀三都，南丝绸之路起点，成都南北生活中轴线，香城大道旁，以新都特色桂花文化为底蕴、中药材种植为康养根基，结合了健康养生、运动康养、旅游观光、亲子采摘消费需求，同时融入川西林盘保护和天府绿道建设理念，着力打造以赏花经济、乡村旅游、森林康养和立体农业等产业为核心的新型田园综合体，形成人与自然和谐共生的大美乡村田园。

图 2-8　芳华微马公园

2020 年 4 月 7 日，正值清明节后的首个工作日，位于成都新都区桂湖街道的“芳华桂城”却丝毫不冷清。20 岁的小洁与好友同是汉服爱好者：“在网上看到这里的紫藤花特别漂亮，就和朋友约好来拍照。”除了游人外，还不乏慢跑的跑步者，组团做瑜伽运动的健身者，其热闹程度不下于周末节假日。这条长约 2.6 公里的紫藤花观光长廊，在这个清明时节一跃成为成都市民最爱的观光景点之一。

而这里种植的却不只有紫藤花。据成都方华园农业专业合作社理事长杨太勇介绍，2014 年，“芳华桂城”与省农科院合作，引进全国 180 余种桂花品种，在当地建立了精品桂花繁育基地；同年下半年，经省农科院介绍，再次引进 23 个品种的紫藤花种，并经后续补充，目前“芳华桂城”已有超过 30 余种的紫藤花。未来，这里将形成春季以紫藤花、杜鹃、芍药等花卉为主，夏季赏荷、秋季赏桂的大美景致，为游客呈现无缝式对接的赏花体验。

“从 3 月 25 日开园直至今日，芳华桂城游客量已突破 10 万人次，清明节假日期间日均游客量突破上万人次。"成都方华园农业专业合作社理事长杨太勇表示，在项目建设过程中，"芳华桂城"结合了健康养生、运动训练、旅游观光等消费需求，同时融入川西林盘保护和天府绿道建设理念，着力打造以赏花经济、乡村旅游、森林康养和立体农业等产业为核心的新型田园综合体，形成人与自然和谐共生的大美乡村田园。

杨太勇表示，在陆续引入杜鹃、芍药等花卉品种后，合作社再次引入了莲子、樱桃以及火龙果等品种的农业种植。"在布局第一产业的同时，我们陆续挖掘了二、三产业的潜力。"杨太勇举例，例如在莲子、樱桃的种植期间，不仅带来了花卉观赏的游客流量，还可以发展高端果蔬和采摘观光等创新休闲项目，为市民提供多元化的乡村旅游体验。

不仅仅是田园风光，爱好健身的朋友们同样不能错过这处宝地。当前，已建成的7公里的"芳华香城绿道"采用了紫藤廊架覆盖的方式，将乡村林盘、院落等田园景观进行串联，融合了绿道"健身+赏花+旅游"等众多元素。2019年，"芳华桂城"还陆续举办了芳华桂城绿道系列赛、半程马拉松赛等广受市民欢迎的体育活动。

场景观察员：

在建设过程中，"芳华桂城"通过去"专业化"的方式实现差异化供给，以满足不同层次、水平、专业化程度的运动服务需求，打造最有特色、最时尚的"跑友聚集地"，大力发展赛事经济，通过多层次、多级别赛事的举办，高效持续地吸引有价值人流量。

三　公园里种出的农业消费新场景

中药天府现代种业园·蔚崃林盘位于天府现代种业园核心区，占地面积约67亩，有农户约49户，整体呈川西民居特色。林盘已建成集特色中餐、鲜食火锅、咖啡、民宿、文化、购物为一体的公园生态游憩场景，生长餐厅、禾中餐厅、南门小院、菁英小院、蔚崃杂货铺等6个院落并正常运营。林盘景观和种业景观相辅相成、相得益彰，形成了“推窗见田、开门见绿、自然环境优越”的林盘景观形态。

坐在双层的白色独栋咖啡院子里，成都市民吴晓一边喝着手里的热咖啡，一边看着窗外的田园景色。相隔不远的生长餐厅院子，她的丈夫正带着儿子直接在院子里采摘果蔬，到餐桌上涮火锅，“从菜地到餐桌零距离”。喝了咖啡，吃了火锅，一家人准备到不远处的蔚崃杂货铺逛一逛，杂货铺里售卖着邛崃各色文创产品。

说起咖啡厅、创意餐馆、文创产品店，这些时尚的消费场景一般都出现在繁华的都市商业圈。不过，如今这三个别样的院子被植入邛崃市临邛街道前进社区的蔚崃林盘里。临邛街道前进社区位于天府现代种业园产业功能区核心区。走进前进社区，一座座现代化科创大楼、一步一景的田园美景以及林盘生活场景让人印象深刻。

“我们将田园美学融入功能区建设，打造了特色林盘生产生活场景，作为园区重要生活配套项目和职住平衡的有效补充。”临邛街道相关负责人介绍，抢抓园区建设这一机遇，通过营造消费新场景，推动农商文旅体融合发展。蔚崃林盘依托天府现代种业园，先后举办成都市首届天府大地艺术季、2021四川（花卉）果类生态旅游节分会场暨首届天府田园油菜花节、2021中国（四川）鲜食玉米大会等重大节庆活动，年旅游接待量预计30万人次。

据了解，天府现代种业园·蔚崃林盘立足良好的生态本底与资源禀赋，以“特色镇+林盘+产业园”的建设模式，将田园美学融入林盘建设，把林盘整治与产业发展相结合，根植林盘优势本底资源，借助园区的产业条件，以产业联动发展为核心，依托一产基础，联动二产发展，融合三产功能，通过收储林盘地块，打造精品民宿、特色餐饮项目、发展特色种业产业，植入农业观光和农事体验、农业科普教育、创意农特产品、会议博览、民俗文创等产业功能，将林盘建成公园特质明显、旅游业态丰富、满足行业发展、带动农村发展的开放共享服务点，实现农业农村创新发展，助力乡村振兴战略。

场景观察员：

作为以农商文旅为主导产业的特色林盘，目前已经成了集亲子、研学、田园、艺术等旅游要素为一体的旅游目的地，也在不断筹办大型节庆活动全面展示川西乡村的魅力，将成都人的生活方式、文化与川西林盘、天府大地有机融合，诠释了公园城市的"乡村表达"，让人充分领略天府文化的独特魅力，同时也为当地提供了相当数量的比较好的就业岗位，有助于解决当地剩余劳动力的转移安置问题，带动当地农民长效增收，提高周边群众生活幸福度。

第五节

运动休闲新活力：体育健康脉动场景

随着成都建设世界赛事名城，体育健康亦成为市民的关注点。对此，成都提出要重点建设天府奥体公园、东安湖体育公园等赛事场馆，加快推进成都天府国际生物城、成都国际医美健康城等医疗康养项目，持续建设成都海泉湾运动休闲温泉度假区等体育旅游休闲载体，打造多维度专业性、功能性消费中心。发展品牌赛事、康养度假、医疗美容等体育创新融合业态，让人民群众在体育健身活动和专业化"医疗+"服务中放慢生活节奏、调养身心。

一　西村大院：城市里的体育运动新场景

西村大院（见图 2-9）依托项目选择多样性、社区便利性、功能多元性、体验互动性等核心优势，以空中跑道、灯光足球场等场地设施配套为基础，坚持文旅体商融合发展，通过创新运营管理，强化核心服务内涵，力争把西村大院建成竞争有序、运作高效、功能完善、服务优质、效益优良的城市地标。

图 2-9　西村大院跑道

“走慢点嘛！你让我多看一哈这些是啥子。”

“搞快走喔，过来散步的又不是买东西！”

西村集市上李桂芬阿姨对一切事物的好奇，与背着手大步向前的老伴儿形成鲜明对比。在每天准时来散步运动的老两口眼中，西村就是茶余饭后来散步的公园，如果哪天不来，就会觉得缺了点什么。

在成都，很少人不知道西村大院。在周边大片的普通住宅小区旁，西村大院“鹤立鸡群”。在它含蓄低调的外表下，有一个包容混搭的内心，可以说是一个“业态混搭”的城市缩影。这里占地面积百余亩，总建筑面积约 13.5 万平方米，堪称巨无霸的大院呈 C 形半围合布局，外环内空，外高内低，营造出一个公园般的超大院落。

西村大院的设计师、家琨建筑设计事务所创始人刘家琨在楼顶设计的长达 1.6 公里的架空休闲跑步道是大院的亮点。其设计呈现彻底颠覆了传统建筑表面造型，以具有社会功能的公共运动设施形成建筑整体的主要特征。跑道总长 1.6 公里，由交叉坡道、屋顶步道、环形跑道、廊桥、长廊、屋顶天井以及外挂楼梯组成，形态上上行下达，转折起伏，形成交错上升、沿一个起点方向可完整环绕一圈的"莫比乌斯带"。中庭运动场则是院内最活跃的场所，方正开阔的空间居于整体建筑正中，保留了大尺度的活动空间供创意活动发挥想象，与大院整体建筑形态融合呼应，在实现追求建筑和美学的同时，也成为一处绝佳的休闲运动、文化交流活动聚集地。

大院建成之后，刘家琨经常在步道上散步，偶尔也骑一下车。"因为跑步道高于周边的住宅楼，在上面跑，被周边的房子看着，会有某种戏剧性，有点出离感。在屋顶走，人会有兴奋和超常的体验，所以现在人们很愿意上去。"

目前，这里拥有 1.6 万平方米的休闲运动空间，植入运动健身、医疗康养、体育教育、体育旅游等体育创新融合业态，聚集兴城足球俱乐部、皇家贝里斯足球俱乐部、老车迷自行车俱乐部、身体几何人体美学等知名体育品牌，呈现足球、篮球、自行车、空手道、攀岩、马伽术等 20 余个运动项目，充分满足全龄人群、全活动过程、全生命周期的健康生活，力促文体旅商高度融合发展。

此外，这里还有成都首批示范性球场。这个现由皇家贝里斯足球俱乐部主营的球场，占地约 5000 平方米，分为一个七人制和两个五人制场地，周边有运动更衣、竹林休息区。球场草坪为 FIFA 指定国际 A 级比赛人工草球场，球场照明设备由电脑模拟光源辐射区，实现了无光源死角的照明系统。球场安装有国内最新的高清视频直播智能跟拍摄像头，并有相应 App 进行赛事的直播、数据采集、赛事集锦，并可在社交网络进行分享，实时观看场地球赛。

场景观察员：

西村大院植入运动健身、医疗康养、体育教育、体育旅游等体育创新融合业态，聚集兴城足球俱乐部、皇家贝里斯足球俱乐部、老车迷自行车俱乐部、身体几何人体美学等知名体育品牌，呈现足球、篮球、自行车、空手道、攀岩、马伽术等20余个运动项目，充分满足全龄人群、全活动过程、全生命周期的健康生活，力促文体旅商高度融合发展。

二　融创水雪世界：夏日里的冰雪消费新场景

融创水雪世界是成都融创文旅城八大业态的核心组成部分，是集多元产业于一体的世界级综合旅游度假目的地。以其独特的体验、优质的服务、丰富的产品吸引了文旅行业和广大游客的眼球，率先开启了新冠肺炎疫情后旅游快速复苏的先河，为四川文旅业发展注入一剂强心针。

通过新业态、新消费场景打造，融创水雪世界不断适应消费升级趋势，满足人民美好生活需要：在消费载体上，不断加推新产品；在消费环境上，不断浓厚新氛围；在发展产业上，不断招引新项目；在引领城市消费潮流上，吸引青年消费群体。

这个夏天，成都的滑雪爱好者杨姗和几位滑雪爱好者建了一个微信群，每逢周末他们都会相约一起滑雪。如今，夏天对于他们不再是一个难熬的季节，因为可以在家门口实现滑雪自由。

尽管门外是35℃的热浪，成都融创文旅城雪世界却已经成为–5℃的冰雪天堂。片片晶莹雪花轻盈飘落，织就出一个晶莹剔透的冰雪王国。滑雪场内，游客五颜六色的滑雪服点缀在白色的雪地上，形成一幅奇妙的夏日画卷。高级滑雪道上，专业滑雪爱好者竞速角逐，一展风采，迎来旁边观看游客的阵阵掌声；中级滑雪道，滑雪爱好者向“高手”方向进攻，个个滑得满头大汗；初级滑雪道里，不时传来阵阵笑声，人们享受着夏日冰雪带来的乐趣。

2020年6月，万众期待的成都融创雪世界、水世界开门迎客，在炎炎夏日带来奇特的冰雪体验。作为成都消费新场景的代表项目，成都融创文旅城拥有全球最大室内滑雪场之一。由此，成都成为继北京、上海、广州后，拥有一流专业室内滑雪场及顶级冰雪主题乐园的城市。在成都"三城三都"建设世界文化名城的大背景下，成都再添一张重量级的城市名片。

漫天飞舞的雪花，美妙的梦幻雪世界将带来夏日里最浪漫的惊喜……走进成都融创文旅城雪世界，惊喜无处不在。这里建筑面积约8.08万平方米，比9个标准足球场还大，是迪拜滑雪场的2倍有余。世界最大室内滑雪场之一的融创雪世界，为全球滑雪爱好者配备了6条不同等级的雪道和1个单板公园，雪道总长度1200米，最大落差60米，最大坡度21度，全天最多可接待5000人滑雪。"不只是滑雪爱好者的乐园，不同水平的参与者都能乐在其中。"成都融创文旅城工程总监赵发昌告诉笔者。

"突破天然的季节性限制，我们还希望通过营造多种场景，不断丰富游客体验。"赵发昌介绍，除了专业的雪道，雪世界首创藏羌冰雪主题，并拥有2.1万平方米全球最大娱雪区和1.3万吨的全球最大造雪量，为游客提供雪圈旋转机、冰上碰碰车等十余项全家共享的娱雪游乐项目。同时，作为全球最大的室内滑雪场之一，成都融创雪世界为成都创造了一个"全龄段、全年度、全天候"的世界级冰雪乐园，未来将开设专业滑雪学校，举办世界级滑雪赛事，全面推动冰雪运动发展，助力成都打造世界赛事名城。

在沙滩悠闲漫步，感受浪花轻轻拍打，鼓起勇气挑战一次水上娱乐的刺激……在另一侧的成都融创文旅城水世界，这些对夏天最美好的幻想都成了现实。笔者了解到，水世界以冰川奇景、藏羌秘境为特色，是集玩水设备、特色温泉、休闲SPA于一体的大型室内恒温水乐园。总建筑面积3.5万平方米，全年室内温度28℃以上，水温恒定保持在33℃，以藏羌冰雪为主题设计了冰山区、羌寨区、SPA雪山区、SPA园林区四大主题区，游客可以体验大喇叭、大浪板等多台大型玩水设备，享受各种温泉泡池、足

溪、石板浴、岩盘浴、雪屋、盐砖房、干蒸、湿蒸等共计34个温泉SPA项目。（见图2-10）

图2-10　融创滑雪

场景观察员：

融创水雪世界项目综合配套设施完善，可停车近万辆，是集多元产业于一体的世界级综合旅游度假目的地。以融创水雪世界为核心的融创文旅城自入驻以来，便以西南地区投资最大的文旅项目备受各界关注，尤其是2020年6月30日水雪综合体正式惊艳面世，更是以其独特的体验、优质的服务、丰富的产品吸引了文旅行业和广大游客的眼球，率先开了疫情后旅游快速复苏的先河，为四川文旅业发展注入一剂强心针。

三　成都金堂海泉湾：赛事里的生活美学新场景

成都金堂海泉湾运动度假社区（见图2-11），位于成都金堂县官仓镇白马泉村“铁人三项”赛场。目前社区已在体育+旅游、地产+旅游、旅

游 + 社区 + 大健康项目有所涉猎和规划，旨在满足不同年龄层的度假型社区需求，打造新的度假消费场景及内容。其中社区内温泉度假酒店计划于 2021 年 2 月投运，主要消费客群为成都及周边地（市）州的中产阶级亲子家庭；湖畔生活美学中心计划于 2021 年 4 月投运，主要消费客群为成都及金堂亲子家庭及户外、水上运动爱好者。

图 2–11 金堂海泉湾运动度假社区

2019 成都金堂·港中旅"铁人三项"世界杯赛，于当年 5 月 11 日至 12 日在金堂县"铁人三项"赛场举行，这是 2019 年国内两站"铁人三项"世界杯赛的首站赛事。此前，金堂已经修建了国际一流的"铁人三项"赛场，连续成功举办两届"铁人三项"洲际杯赛、六届"铁人三项"世界杯赛，成为中国西部地区"铁人三项"赛事中心……因此，国际"铁人三项"联盟第一次向赛事举办地授予"国际铁联铁人三项世界杯赛黄金主办城市"称号，成都金堂是首个获此殊荣的城市，也是目前全球唯一获此殊荣的城市。

国际铁联主席、国际奥委会委员玛丽索·卡萨多致函成都市，信中提到，成都金堂已连续六年成功举办国际铁联"铁人三项"世界杯，来自全世界的运动员对成都的办赛能力和服务水平给予了高度评价，金堂为"铁三"世界杯建设了世界一流的赛场，并始终致力于将"金堂铁三"打造为世界一流赛事，为“铁三”赛事在中国乃至亚洲的发展做出了巨大贡献。

比赛之外，成都金堂海泉湾运动度假社区亲水亲民、亲近大自然的良好场景风貌也给运动员留下了深刻的印象。湖畔生活美学中心占地面积为3万平方米，建筑主体为一栋两层现代简约建筑，身处白马湖腹地，三面环水，因地形起伏，水岸与湖面有一定的落差，采用多层次退台亲水式的建筑手法，外墙采用全景式玻璃幕墙围合。《园冶》里记，“榭者，藉也。藉景而成者也，或水边，或花畔，制亦随态”。顺地就势，依水而建的建筑颇有《园冶》中水榭的意味，一半在湖岸，一半在水上，四面都开敞着，很通透，往东可远眺龙泉山脉朦胧的山景，西南可看蜿蜒的北河水景。山间朝暮，佳木繁荫，来往行人，还有月光和花香，以及大宇宙的光景，都可以在这里看到，“坐观万景得天全”说的兴许就是这般景致。

场景观察员：

成都金堂海泉湾运动度假社区，位于成都金堂县官仓镇白马泉村“铁人三项”赛场，距离成都中心城区50公里，金堂县城5公里。社区占地面积2400亩，坐享白马温泉、白马湖、“铁三”赛场，西临北河东靠山，自然资源优越；已投资建成湖畔生活美学中心、美憬阁索菲特温泉度假酒店，拟建湖滨沙滩、水上运动中心、漂浮泳池、观鸟图书馆、业主食堂、湖畔市集、玻璃盒子运动馆、K12国际学校等。

第六节

生活美学新魅力：文艺风尚品鉴场景

国际消费中心城市建设，须以文化为底蕴。成都正重点打造成都金沙演艺综合体、成都城市音乐厅等音乐演艺场馆，成都博物馆等博览鉴赏地，成都图书馆新馆、成都市文化馆新馆等公共文化空间，营造品牌书店、独立书店、咖啡馆等多元立体的创意文艺空间。著名钢琴家鲁宾斯坦曾有一句话："评价一座城市，要看它拥有多少书店。"是的，一座城市最深广的文脉与最温暖的气质，就体现在这些书店里。诞生于1937年的新华书店，已经度过84岁生日。2017年，它迎来了一次"华丽转身"：文轩新品牌书店"文轩BOOKS"在成都城南九方购物中心正式亮相（见图2-12）。

图2-12 在新华文轩BOOKS书店，不少市民来买书、读书

以天府文化为魂、生活美学为韵，发展艺术品交易拍卖、国际友城文化交流、沉浸式戏剧话剧等业态，让市民在文艺鉴赏中接受美学熏陶，静心感受生活之美，追求高格调审美的有品生活，促进人的自由全面发展。

一 宽窄匠造所：符合青年人群消费需求的社交消遣场景

宽窄匠造所（见图2-13）是天府锦城"八街九坊十景"中宽窄二期建设工作的首批实施启动项目。作为以改代拆、城市更新的试点项目，引入了国内首个在旧楼改造中嵌入露天斜向中庭的空间设计。宽窄匠造所还通过对宽窄巷子的立体化、场景化、当代化表达，提升宽窄巷子品牌形象，定义成都个性化的生活美学，向世界彰显着成都及宽窄巷子的“国际范儿”；同时，宽窄匠造所整合跨界资源，助力成都建设西部文创中心。

图 2–13　宽窄匠造所

作为成都名片之一，宽窄巷子是游客打卡和旅游的必去之地，这片300多年来的古老街区如今焕发新活力。随着城市更新和老旧小区改造提升工程的落地实施，以改代拆的项目越来越多，宽窄匠造所则是其中最具代表性的场景之一。提升功能品质，保留城市记忆，延续市井文化，这不仅是完成一幢老建筑的有机更新，更是一座城市文化探索的实践。

游在成都，让人感受到烟火市井与时尚先锋兼容并蓄的独特魅力；城市与人的互动，让人感受到一种幸福感。“只有大家走进来了，才能更多地感受到建筑的内里。”在宽窄匠造所主创设计师齐帆看来，宽窄匠造所在改造之前是一幢旧建筑。项目以改代拆，原地改造了这幢旧建筑。在改造中，围绕宽窄巷子最具原生性与标志性的院落，用非常现代的建筑语言，注重处理好新与旧、动与静等各种关系。

原建筑有7层，改造后变为5层。一楼原创生活美学区域打造未来时光沉浸场景，引入年轻化的时尚潮流品牌，通过赛博朋克未来城市风格的场景及5G示范项目的打造，以科技感、未来感带动城市更新，以多媒体互动艺术装置营造超现实体验空间，让消费者沉浸式体验到未来生活美学。

"这个项目尝试打开边界，和周围的街区和游客形成良好互动。"齐帆介绍，他带领团队设计了建筑与游客的"互动之匙"——一条贯穿整幢楼的红色"匠造之廊"。"匠造之廊"不仅具有视觉上的延续性，也有功能性——它从一楼蜿蜒盘旋，可以到达建筑顶层；它更串联了匠造所的业态和空间，并融合5G技术，打造成可进入、可体验、可消费的网红场景。"其实整个建筑最重要的点是希望人们能透过公共空间从下至上，去体验各种场景。"

作为天府锦城"八街九坊十景"中宽窄二期建设工作的首批实施启动项目，该项目将宽窄巷子进行立体化、当代化、场景化表达，致力于成为"成都市可打卡的城市文化地标"。对老成都文化，它是创新和发扬，通过"生活美学集成空间"可以直观体验到新文创和潮玩；对未来，它将结合5G新技术与网红直播，让优质文创品牌和产品更好地在此诞生、孵化。

在项目负责人看来，宽窄匠造所要打造新消费场景，并成为品牌，走出地方的发展前提是，它是一个"潮牌"，而非单纯是依附于景区的商业综合体，这要求宽窄匠造所必须有自己的粉丝团，粉丝团愿为消费场景买单。在发展计划中，宽窄匠造所将通过不断的场景营销，升级消费，成为消费空间中的"潮牌"，其核心客群是年轻人、创意人。因为从消费者结构看，年轻群体是参与度最高且转化率最高的群体，其中又以社群为主，比如汉服社、电竞俱乐部等"粉丝经济""社群经济"。

场景观察员：

宽窄匠造所将是一个符合青年人群消费需求的社交消遣空间，是宽窄巷子的年轻化呈现。我们用潮流展览和美学产品吸引游客访问，用社交活动营造本土年轻人的归属感，打造外地年轻人的必定打卡点，以获得品牌发展。

二　梵木 Flying 国际文创公园：文产融合的新地标

梵木 Flying 国际文创公园（见图 2–14）为城市有机更新项目，以坚持原创力就是生产力的理念，定位于以“创意产业 + 音乐产业 + 影视动漫”三大产业内容为主要发展方向的文创集合体，依托梵木品牌文创园区的资源优势，在园区导入音乐产业、创意设计、影视动漫等产业内容，完成产业资源整合及产业聚集。内容业态规划涵盖：生活美学空间、企业办公空间、互动艺术空间、原创孵化空间、活态展演空间等综合性文创产业内容。

图 2–14　梵木 Flying 国际文创公园

随着借助互联网的传播与推广，《潮流合伙人 2》的取景地——梵木 Flying 国际文创公园吸引了不少年轻人前来“打卡拍照”。园区内，随处能见到红砖旧瓦的老式建筑，虽然绝大部分都被赋予了全新的风貌，但锈迹斑斑的钢铁器械，还是与背景中的现代建筑形成鲜明对比。老一代成都人记忆中的老厂房，这个曾经被大家遗忘的角落，如今被改造成了现代文化创意场景。

公园的前身是成都滑翔机制造厂，早在那个大家都向往天空的年代里，滑翔机制造厂可是承载了飞行的梦想啊！被改造后的梵木 Flying 国际文创公园在尽可能保留原址的基础上，融合时间、地点、人文，汇入新意（活化再造）、旧忆（历史意义、文化根基）、体验（文创聚落），视觉，打造具有典型特色的文创街区。

为打造成都夜经济服务消费新场景，公园创建原创音乐新场景：打造全息科技展演活态艺术空间，特色音乐餐吧，活态空间建成后每年举办各类音乐活动超过 150 场。并携手知名厂牌草台回声，吸引入驻音乐人莫西子诗（彝族）、秘密行动等 20 余位知名音乐人，已产出 50 余首中国原创音乐，版权发行到美国、荷兰等十余个国家，有效扩大了中国音乐国际影响力，助力成都打造国际音乐之都。

此外，通过创建国际音乐影视服务平台，公园还打造创意设计体验新场景。通过与四川音乐学院建立校企合作，落地音乐 + 科技实验室（2021 年落地），促进音乐人才培养。落地成都影视服务中心，并签订战略合作协议，为影视产业孵化添砖加瓦。与园区创意设计、科技型企业联合，引入优质 IP10 余个，打造各色创艺美学消费空间、科技美学中心、网红打卡点（凡德罗家具展馆、巴可尼尔酒文化展馆、樊登读书线下体验店、博典深全息科技体验中心等）。

打造梵木品牌孵化器，建立版权工作站。与多家第三方企业服务型机构签订战略合作协议，为园区入驻企业提供财务、工商注册、项目申报、天使轮投资等企业服务，并提供企业孵化器场地。通过作品版权登记，同时引入导师建立版权智库，便于园区 IP 成果转化，更好引入市场，目前已有多家园区入驻企业接受孵化，并产生成果，其作品与 IP 与园区内部场景有机结合，促进产业融合，内部资源统筹。

突出文体旅融合创新，打造体育运动新场景。携手萨马兰奇基金会，建设青少年网球培训中心，主要面向青少年，统一进行网球课程、网球文化培训，为大运输送优质后备力量，喜迎大运。截至2020年12月，园区已完成90%的空间招商工作，入驻企业共计70余家，虚拟孵化企业共计160余家，在孵与入驻企业中文创、音乐、影视、科技类公司占比超过90%，2021年园区年产值达6亿元。

场景观察员：

梵木Flying国际文创公园为城市有机更新项目，以坚持原创力就是生产力的理念，成功打造全省首个“创意设计+原创音乐+影视动漫”三产业链园区，以文、体、旅融合共生充分展现天府文化、促进消费品质提升，促进国际消费中心城市建设。

第七节

居家服务新天地：社区邻里生活场景

“既能买东西，又提供桌椅可以聊天小憩，还可以在工业风装修的二楼观景平台感受老厂房的历史，这样的便利店挺有新意。”近日，李慎和朋友们到华熙LIVE·528逛街，对园区内的一家便利店印象深刻。和传统便利店不同，这家便利店不仅选品更时尚，体验更丰富，能买东西，也有堂食场地，还可以通过手机点外卖，再加上在老厂房基础上改造的一处观景平台，俨然成了园区内的一个“网红打卡地”。

便利店转型发展，体现了消费业升级发展的趋势。随着人们生活水平不断提高，传统零售业已无法满足消费者日益增长的消费需求。及时、丰富、便捷……近年来，凭借生活“最后一公里”商业圈和家门口零距离的地理优势，社区商业发展得如火如荼。在城市化持续提速的当下，“邻居”

的角色变得更为丰富多彩，呈现出独特的城市社区景观。

成都提出要重点打造桐梓林社区、大慈寺社区等国际化社区，和美社区、望平社区等示范社区，加快建设一批"天府之家"社区综合体、社区邻里中心。完善社区婴幼儿照护设施、卫生服务中心等基础设施，发展缝补维修、简餐早点、生鲜超市等基本生活服务，托育服务、老年康养、社区关怀等教育成长服务，无人货柜、智能安防、智慧物业等新型智慧服务，在家门口享受功能完善、专业高效、活力彰显的高品质和谐宜居生活。

一　社区里的商业"小天地"

快。每天，558 公里的轨道线路在城市呼啸穿梭，运送着以百万计的乘客，演绎着这座蓬勃向上的城市的活力节奏。慢。坐地铁的时候，可以顺便在自助卖花机挑选一把可爱的花束，在地铁里的特色小店买上一杯咖啡，还可以吃饭、看展、看电影……快发展，慢生活，是这座城市的"幸福密码"。在这里，有着多元而丰富的场景，它们各不相同，但在城市空间中有机共生，以一个个"点"，组构成美好生活的"面"。

如以上描述的轨道生活场景，正在成都，在密织的轨道线路中鲜活呈现，织就成市民幸福美好生活的重要部分。以轨道场景实现轨道营城，不仅是成都市提出的营城理念的践行与落地，也是城市高质量发展的重要体现。

早晨，人流像潮水一样涌出地铁车站。出站时，他们可以在经过的地铁商店中，带上一份心仪的早点，开启元气满满的一天。午餐时间，白领们不用风吹日晒，直接在选择多多的地铁商业里寻觅美食。还可以"偷得浮生半日闲"，见缝插针地去健个身、美个容，或是打个电竞、看本好书、享受一杯咖啡的时光，为接下来的奋斗充电、续航。未来，地铁车站还会出现移动博物馆（泛博物馆空间）、沉浸式互动影院、美术展等多维度展厅空间、共享办公场所等服务休憩空间和城市橱窗，让轨道生活场景更有质感。成都轨道交通正坚持价值创造和多元体验相结合，以场景化思维营造城市新空间。

在2021年7月全面亮相的成都轨道首个TOD主题商业街“世纪城·上闲里”提取世纪城站站厅设计概念元素，整体呈现清新时尚的调性；中庭空间则可以举行各种小而美的展演活动。考虑到了全时消费的时间动线与不同客群的购买诉求，这里集聚了轻食简餐、地方小吃、中西快餐、生鲜超市、便利店、零食店、书店、甜品店、奶茶店、咖啡店……一体化的商业设计，实现All in one的便捷消费。

“落脚于幸福美好生活十大工程实践，围绕如何聚力加强场景赋能，我们还有一系列的动作。”成都轨道集团下属成都轨道资源经营管理公司相关负责人介绍，首先，构建车站商业体系。按照“网络化、特色化、场景化”发展思路优化商业布局，构建以车站为核心、“多点开花”的商业体系和发展格局。其次，融合创新商业业态。积极践行“场景营城”理念，结合车站实际，积极引入创造特色化、稀缺性服务和体验，努力打造业态复合、场景富集的消费目的地，提升车站引流获客能力。成都提出，以新零售、新业态、新模式为突破，提高场景消费触发力，促进文、体、旅、商、农融合发展，聚焦社区商业品质提升和功能拓展，加快打造多元化社区商业消费新场景。促进产业融合、优化便民服务、繁荣消费市场，塑造共生共荣的社区优质服务新生态，构建功能完善、方便快捷、覆盖全域、布局均衡的社区优质生活服务圈。

场景观察员：

成都提出，要用好轨道交通空间环境，加快打造各类地下消费场景，从巨量客流中深入挖掘消费潜力，推动轨道交通资产持续升值，更好服务城市发展。成都轨道集团加快推进轨道交通车站商业开发，大力发展轨道交通流量经济，全面挖掘轨道交通线网商业资源经济潜力和商业附加值，努力打造多元业态组合、生产生活复合、地上地下融合、线上线下结合的新型商业场景，加快形成以轨道交通车站为极点的商业活力中心和消费中心。

二 优质生活服务圈的“大场景”

如果说“提供便利”是社区商业需要达到的“基本线”，如今，更多的社区商业将目光对准了多样性和独特性，希望通过探索新的消费场景构建，形成对人的不可替代的吸引力。华熙 LIVE · 528 社区邻里生活场景，聚焦社区商业品质提升和功能拓展，在方便社区居民购物的同时，积极提升消费辐射力，造就一个区域、一个城市的特色消费场景新名片（见图 2–15）。

图 2–15 华熙 LIVE · 528

“听说华熙 LIVE · 528 商业区 3 楼又新开了一家网红店，下了班我们去打卡。”在卓锦曼购工作的周晓阳正跟朋友分享她发现的新店。整体开放外摆区、网红餐饮和国际美食让华熙 LIVE · 528 的特色美食文化体验中心成为附近居民的固定聚会场所。

如果说“提供便利”是社区商业需要达到的“基本线”，如今，更多的社区商业则将目光投向了多样性和独特性，希望通过探索新的消费场景构建，形成对人的不可替代的吸引力。华熙 LIVE·528 的特色美食文化体验中心分成城市网红美食区、特色文化餐饮区以及国际美食体验区，这条集合了中式素颜小调、曼谷雨季泰式火锅等 80 余家的“网红、特色、体验”美食街在满足市民就餐需求的同时，也增加了区域人流量，提升了居民城市文化素质修养，推动消费升级。“我最喜欢它的外摆设计，不仅拥有宽阔的视野还能呼吸到自然的空气，再也不用担心吃完一身的异味。”周晓阳说道。

而在文创方面，华熙 LIVE·528 结合炬文手工坊、名创优品等生活配套与“周大生”等高端定制类店铺，将“艺”融于“乐”，增强了店铺黏性，成为新一代年轻人的情感寄托地。在儿童娱乐体验中心，引入了西南地区规模最大的室内运动乐园——BOMBOMSPACE 弹力猩球超级运动乐园，这也是弹力猩球在西南的首店。除了引进首店，中心还融合绘画、舞蹈、音乐等综合业态构建全亲子互动产业链，努力成为国际领先、规模最大、种类最全、品质最优的儿童游乐体验中心。

社区商业是影响市民生活品质的基础性因素，是建设高品质和谐宜居生活城市的重要支撑。在消费升级引领下的新商业时代，华熙 LIVE·528 积极响应西南地区新兴媒体融合发展功能区建设工作，以“全部自持、核心自营、整合经营”的方式，围绕消费者对“空间场景”“社会交往”与“情感体验”的需求，促进场景与体验、跨界与融合、文化与商业等新兴媒体融合发展，致力于打造成都文创产业新标杆。

“近年来，‘小而美’的区域型商业和社区商业配套逐渐增多，社区商业重要性日益凸显。但目前依然普遍存在低端业态占多数，品牌化集中度较低，服务功能较为单一，市民消费需求不能得到完全满足的情况。”华熙 LIVE·528 项目相关负责人马代川表示，总规划建筑面积约 130 万平方米的华熙 LIVE·528 正是为打造社区商业消费新场景，构建社区优质生活服务圈而形成的大型综合体。

华熙 LIVE·528 作为华熙国际投资集团布局成都的首个沉浸式互动体验综合体，也是北京华熙 LIVE·五棵松的升级版，集合 M 空间国际多功能艺术厅、华熙国际影城、华熙国际·成都时代美术馆、成都华熙 PARTY 匯、创意文化展览中心、儿童娱乐体验中心、美食文化体验中心、串串博物馆等文化体育产业，将打造"一桥两道三广场"特色商业街区体验地，力争成为市民享受顶级赛事、演出盛宴等各类文化艺术活动的活力聚集地。

场景观察员：

繁荣的社区商业不仅能满足人们的生活需要，也是商业发展、保障市民美好生活的重要一面。华熙 LIVE·528 积极探索社区新零售的跨界合作，这与城市聚焦城市社区商业发展，推动消费转型升级，激发社区经济新活力、新价值的目标不谋而合。

第八节
硬核科技新感知：未来时光沉浸场景

随着技术的发展以及人们对服务消费需求的增加，具有未来感、科技感的体验式消费场景越来越受到消费者的欢迎。成都正重点推进成都 AI 创新中心、成都数字文化产业园等项目建设，加快打造太古里等 5G 示范街区（见图 2-16）。发展主题购物中心、VR/AR 交互娱乐、4K/8K 超高清沉浸式影院、全景 3D 球幕、5G 超高清赛场等数字经济创新服务和产品，以充满科技感和未来感的互动艺术装置营造超现实体验空间，在黑科技驱动下丰富现实感知，拓展虚拟世界，感受全新未来生活。

图 2–16　全国首个 5G 示范街区落户成都太古里

一　新基建护航新场景

新基建是新消费的基础，新消费是新基建的市场。在新一代信息基础设施建设的驱动下，以网络购物、直播带货、社交零售等为代表的新型消费逆势上扬，释放出巨大潜能，成为推动消费升级和经济高质量发展的新动能、新力量。

傍晚的春熙路，华灯初上，灯光璀璨的春熙路游人如织。潮玩店、格调美食店、精品手办店……让过往游人流连忘返。格外有趣的是，街区里每个小店的柜台上还设置了与“5G+”相关妙趣横生的短语，比如“把时光里的浪漫‘G’给未来的自己”“用手创作 5 所不能的想象”……作为 5G 商圈，无处不在的 5G 信号，随时随地显示满格。笔者实测，现场 5G 下载速率轻松超过 700Mbps。街区旁还特设了“5G 视频剪辑点”，现场工作人员和 5G 摄像头全天候采集的街区精彩视频，借助超高带宽的中国移动 5G 网络，不间断传送至中国移动 5G 智慧视频营销管理云平台，通过精选后剪辑为精彩短视频，向各大主流媒体平台发放，让全球消费者都能领略与众不同的春熙商圈风貌。

10月2日，2020 IGS·成都（国际）数字娱乐博览会现场参会量达77441人次，线上及现场销售总金额达2500万元。这场规模最大的中西部动漫数娱展吸引的人流，并非只是冲着动漫IP，一个重要的原因在于新技术带来的新体验。展馆内有全球首家超1000平方米的VR竞技对战平台、中国航空运动协会的官方认证设备Saitek模拟飞行器、F1传奇车手阿隆索和车队同款G923赛车方向盘等。

新基建是新消费的基础，新消费是新基建的市场。2020年国庆黄金周前国务院办公厅公布的《关于以新业态新模式引领新型消费加快发展的意见》提出了“加强信息网络基础设施建设”“完善商贸流通基础设施网络”“大力推动智能化技术集成创新应用”等政策措施，为新型消费提供技术支持。

场景观察员：

按照相关规划，成都将在2022年建成高速泛在、融合绿色的基础信息网，加快建设5G引领的双千兆宽带城市，建成5G基站6.5万座，率先在全国实现规模化商用；建设存算一体的数据中心资源高地；完善工业互联网体系，建成2个以上国家级工业互联网平台，新增上云企业1万家；率先完成国家新一代人工智能创新发展试验区任务，人工智能技术、融合应用与产业发展全国领先。

二　流光溢彩新场景

上海有外滩，广州有“小蛮腰”，西安有大唐不夜城……如今，作为成都新的城市地标和成都高新区着力打造的光彩工程，交子双塔不仅在春节、国庆、中秋等重要节日上演灯光秀，还会进行大运会以及公益宣传等灯光秀（见图2-17）。

图 2-17　交子公园

不断变换的彩条流光溢彩，彰显出大运会的青春与活力……2021 年 2 月 21 日，成都交子金融城双塔灯光秀内容再次上新。“之前一直在打围施工，没想到春节放个大招。”见证灯光秀打造全过程的东北“蓉漂”李奕，感觉很惊艳。一旁的摄影爱好者更是支起三脚架，占好口岸等候黄昏一刹那绚丽灯光的绽放。

从除夕夜开始，这场璀璨夺目的视觉盛宴已经刷爆成都人的朋友圈。高 218 米、屏幕面积达 5.2 万平方米，仅从数据来看，放映灯光秀的 LED 屏，可谓实实在在的“霸屏”。“这是目前全国外立面最大、清晰度最高的楼宇灯光秀。”负责项目运营的高投传媒相关负责人说。

值得关注的是，这个燃爆的灯光秀，不光画面精彩，更需要背后的新技术支持。如果在白天仰望交子金融城双塔，它和一般的超高建筑并没有什么两样：一南一北两幢圆柱体高楼，玻璃幕墙外面饰以不规则的铝材窗格。很多人不禁要问：那个一到夜晚就流光溢彩的大屏幕在哪里？

“不同于一般的 LED 大屏幕，不仔细看你是看不到它的。”负责项目建设的是京东方智慧物联科技有限公司城市亮化团队，该团队负责人张国庆拿出一根长约 50 厘米、宽约 3 厘米的航空压铸铝条，“这就是应用于双塔的 LED 金属条屏。”

张国庆介绍，为不影响城市景观，该项目采用了 LED 屏幕与建筑一体化的方案，按照大楼外部铝条的尺寸，将 LED 屏幕切割成 36 种不同长度的“条屏”，以卡扣的方式安装在大楼窗格上，这样的灯条，总长度达到 16.2 万米。“整个安装过程没有打一颗螺钉，没有使用一滴胶水。”

“目前国内城市楼宇灯光秀 ，主要还是采取灯作为光源，如此大面积地采用 LED 屏幕，在全国来说是唯一一个。”张国庆说。以灯作为光源，在色域度上有着天然的劣势。以灰色举例，LED 屏幕能够识别显示 256 种完全不同的灰色，而传统的显示屏仅能显示 4—8 种。

也就是说，太阳东升西落的光影变换、大海波浪起伏的深蓝浅蓝，只有以 LED 屏幕为载体，才能在楼宇上“秀”出来。在张国庆看来，双塔灯光秀是京东方智慧物联在成都的代表作：“超清、超薄、超透，以及场景化定制，是显示产业发展的一个趋势。”京东方的官网显示，作为全球半导体显示产业龙头企业，目前全球有超过四分之一的显示屏来自京东方，其超高清、柔性、微显示等解决方案已广泛应用于国内外知名品牌。

场景观察员：

上海有外滩，广州有“小蛮腰”，西安有大唐不夜城……然而长期以来，定位于国家中心城市的成都，夜间却缺乏标志性的光彩。可以肯定的是，这是一个标志，也是一个开始。作为成都新的城市地标和成都高新区着力打造的光彩工程，交子双塔不仅在春节、国庆、中秋等重要节日上演灯光秀，还会进行大运会以及公益宣传等灯光秀。

专家点评：

国际消费中心城市是经济全球化时代国际化大都市的重要核心功能之一，是全球化、城市化发展新阶段世界消费市场一体化的重要产物。成都以形塑国际消费中心城市为目标，以“成都人”的美好生活为己任，以场景营城的理论探索和实践创新为方向，致力于打造具有丰富消费内容、高端消费品牌、多样消费方式、优越消费环境，能够吸引全球消费者的高度繁荣的消费市场，在思维意识、营城理念、治理方略上，都走在了时代前沿，凸显了城市雄心，诠释了城市远见。在成都，既可以徜徉在“成都人”的巴适生活中亲历场景营城的新体验、新玩法、新感知，又可以亲历一个“全球而又本土”的城市日新月异成长中的新魅力、新韵味、新活力，更可以像大多数成都人一样，在某一处场景、某一瞥回眸、某一次缱绻中，邂逅成都，爱上成都，留在成都，去发现新天地、绘出新画卷、建设新成都。

——中国传媒大学齐骥教授

第三章

“成都人”的日子——筑梦新社区　畅想新生活

社区是城市生命体的基层组织，承载着千家万户的幸福美好生活以及企业集群的发展活力。成都围绕打造共建共享共治的“社区治理共同体”，聚焦城镇、产业、乡村三类社区，开展服务、文化、生态、空间、产业、共治、智慧七大社区场景营造，创新发展社区综合体，系统完善 15 分钟生活圈，通过场景营造提升社区品质，在社区发展中以事聚人，在基层治理中聚人成事，在产业社区中激发新经济活力，实现城乡居民、产业社区发展和治理的双轮驱动、同频共振。本章将从居民和企业视角，分领域梳理成都社区治理新场景，讲述社区场景“链接人”的故事。

第一节

社区服务场景：幸福城市背后的创新

成都正完善基本公共服务，以“诉求精准满足、服务高质供给、设施优质共享”为目标，构建全民友好、精准服务的城镇社区服务场景；瞄准产业人群实际需求，实现有保障的品质居住、不打烊的多样消费、舒心的优质服务，形成时尚潮流、活力共享的产业社区服务场景；建设城乡均好、互助共享的针对性、差异化服务体系，营造扶老携幼、共建共享的乡村社区服务场景。

2020 年 11 月 18 日，“2020 中国最具幸福感城市”榜单揭晓，成都再获第一。至此，成都共计 13 次荣获“中国最具幸福感城市”称号，连续 12 年位列“中国最具幸福感城市”名单榜首。一座城市的幸福从何而来？在成都一个个创新营造的社区服务场景里，或许能找到答案。

“多少人曾爱慕你年轻时的容颜，可知谁愿承受岁月无情的变迁；多少人曾在你生命中来了又还，可知一生有你我都陪在你身边……”2021 年 5 月 20 日，“水木年华”用一首《一生有你》，向刚刚在成都金牛区府河摄影公园婚姻登记处集体领证的 12 对新人，表达了最真挚的祝福。

作为首批 6 个公园式婚姻登记处之一，这里见证了新人们的幸福时刻，也见证了成都在社区服务场景营造上的努力与创新。一个个丰富多元、温暖贴心的社区服务场景，不仅给成都市民的生活带来便利，也让他们的幸福感饱满而富有层次。

一　全民友好、精准服务：便利的社区服务场景就在家门口

社区综合体是集社区管理、便民服务、文化体育、医疗养老等多种公共服务与生活服务于一体的社区"一站式"综合服务设施。置于其中的社区服务场景让社区居民在家门口就可以享受到优质、优惠、便捷的公共服务和生活服务。

"一栋楼里，既可以办事、看病，还能够享受文化、娱乐等公共服务，方便得很。"陈惠的家在成都高新区肖家河街道兴蓉社区，对于家门口的一栋楼赞不绝口。在她看来，这栋楼像万花筒一样，把社区居民平日里需要的社区服务场景，都囊括了进去：这里真正让"小病不出社区"，老人在家门口就能看病；年轻人工作忙，孩子放学后无人照看，这里为孩子们提供学习场所，消除了家长的后顾之忧。

这栋位于兴蓉街 4 号的"楼"，其实是一个社区综合体，也叫"兴蓉"。在 10 层高的兴蓉综合体里，党群服务中心、社区卫生服务中心、文体休闲活动中心、大学生就业创业中心一应俱全，提供了丰富的现代化社区服务场景。它们在视觉、触觉、互动及趣味性等各方面，都让陈惠和其他社区居民忍不住点赞。

进一扇门，办多件事。在社区综合体，成都营造全民友好、精准服务的社区服务场景，为老百姓提供真正的便捷。

肖家河街道新北综合体距兴蓉综合体仅 5 公里，这里不仅有社区卫生服务中心、24 小时政务服务超市、日间照料中心，还有宽敞的篮球场、便民的菜市场。在这些社区服务场景里，无论是本地人还是外地人，老年人还是年轻人，都能享受到社区综合体提供的贴心服务。通过合理布局社区服务场景，新北综合体让社区居民在家门口就能实现服务"最多跑一次"，省事省力又省心。

许芹住在金桂路，空闲的时候，她会到附近的府河摄影公园逛一逛。

“童梦花园”“活力大草坪”“风情花院”“河风依依”“金色幽谷”5 个不同风格的园中园，让许芹一年四季都能欣赏到公园城市的美景。除了欣赏美景，在附近的益民菜市，她还能挑选美味新鲜的食材，为家人烹饪美食，“如今的生活确实方便”。

充满工业感的街道、干净整洁的路面、随处可见的机车造型，在二仙桥街道下涧槽社区，经过治理的社区除了原有风貌得以保存外，各种服务场景也一应俱全。

汉服馆、太极馆、武术馆、图书室、瓷器馆、琴行，手工活动、文艺表演……社区文化中心内好不热闹，年轻人身着汉服，交流搭配；阿姨们穿上旗袍，排练走秀；老人们统一拳服，打起太极；手工艺人制作起瓷器；残障朋友们在阳光家园绘画手工……各色各样的活动让这里集聚了不少人气。社区党群服务中心还把各项服务搬到了居民家门口：24 小时自助办证中心可以方便居民随时办理户籍证明等，便民服务站可以帮居民维修家电、缝补衣裤，大厅内还有窗口可办理社保、住房相关业务。

“15 分钟幸福生活圈”缩短的不仅是生活距离，也带来了更丰富的社区服务场景，让市民享受到美好生活，得到了更多的获得感、幸福感。（见图 3–1）

图 3–1　下涧槽社区

场景观察员：

社区综合体承载了满足市民需求的社区服务场景，是重要的公建服务配套项目，也是成都急群众之所急、想群众之所想的发力点。以此为依托，成都还加速构建“15分钟步行生活圈”，把大到社保、医疗、文化、体育，小到缴费、买菜、吃饭等社区服务场景，以15分钟为“时间标尺”，在成都人的身边划定一个城市“生活圈”，极大地方便了人们的生活，节约了生活成本。

二 时尚潮流、活力共享：社区服务场景让企业办事不出楼

设立“楼宇企业服务站”，通过丰富的产业社区服务场景为企业提供数据支持服务、政务及公共服务、专业服务等服务，扩大了企业服务体系的覆盖面，真正让企业少跑路，为企业生产提供了极大的便利，企业服务也更接地气。

“这个共享会议空间好高端！以后我们团队要开视频会议就太方便了！”2021年4月，一个好消息在成都医学城的企业中间传开了，面积1800平方米、由19个大小不等的会议室组成的高端共享会议空间在成都医学城“三医创新中心”三期内打造完毕，带给园区创新团队极大的便利。

走进共享会议空间，配置先进、格调高雅，高端大气，是它给人的第一印象。“每个会议室都配备了华为的智慧屏技术，即使开会的人远隔万里，也如同置身于同一个会议室。”中软国际有限公司西南区代表李克明介绍，这一共享会议空间是按照高标准智能化建设，采用5G技术的新一代Wi-Fi、人工智能、云计算、物联网等新技术，利用华为数字平台和云平台，中软国际的智慧园区管理方案将所有系统互联互通，共同打造的智慧会议空间。

“19个会议室大小不一，适用于不同的参会人数和会议需求。”李克明介绍，在这19个会议室中，最为高级的是华为MAX PRESENCE智真会议室，这个会议室里拥有三个超宽幅全景屏幕，支持1∶1真人大小面对面沟通，能实现听声辨位、唇音同步等极具空间感的音频效果，从而营造出一种与异地对话方共在一个会议室的真实感觉。

在这个共享会议空间里，还打造了水吧区、阅读区、会见室，这里不仅仅是一个会议办公场所，也可供园区团队社交、休闲。

“温江区为我们想得太周到了，有了这个共享会议空间，园区内的企业就不用自己花钱建专门的视频会议室，极大地方便了园区企业。”成都以邦医药科技有限公司董事长胡以国说，园区有很多处于初创期的创新团队，在远程会议、会议接待等方面有许多需求，但自己要投资建一个先进的视频会议系统是一笔不小的开支，现在有了这样智能化的共享会议空间，对园区企业是个极大利好。

2020年7月，桂溪街道创设“楼宇企业服务站”，助力产业社区建设。环球中心、通威国际、CPB中央商务花园、OCG国际中心等20家试点“楼宇企业服务站”正式成立，提供数据支持服务、政务及公共服务、专业服务三类服务，让企业办事不出楼。

春日暖阳下，成都医学城忙碌而充满生活气息。医学城B区，公路上各式各样的车辆川流不息，人行道上衣着不同的人们来来往往，道路两旁的绿道、绿地里树木林立，鲜花盛开，超市、美食店鳞次栉比，咖啡厅、书吧聚集了不少商务洽谈或阅读的年轻人……怎么看，这里都像是充满现代气息的城市社区。实际上，这是成都布局建设的产业功能区之一。

2021年3月初，“蓝凤凰重健康　名医进社区”主题活动日前在成都天府国际生物城凤凰里社区邻里中心举行。“听说今天家门口有名医免费坐诊，我觉得太好了，一大早就来到了现场。”凤凰里社区居民张申华说。当天早上九点半，由成都京东方医院7个科室的专家名医组成的义诊队伍便来到了凤凰里社区邻里中心，为现场上百位居民答疑解惑，提供健康服务，这是对成都实施“高品质公共服务倍增工程”的切实回应。

场景观察员：

共享会议空间是成都营造产业社区服务场景的一个缩影。成都在产业社区服务场景的创新上，远不止于此。从产城人到人城产，成都将人的重要性放在了第一位。得益于正在大力推进的产业社区基本公共服务设施攻坚行动，像这样的产业社区服务场景在成都越来越多。

三　扶老携幼、共建共享：社区服务场景在乡村的创新表达

乡村社区服务场景，不仅为成都人的生活提供了新的模式，更为打通联系服务群众"最后一米"提供了新的思路，成为基本公共服务在乡村的重要载体。在这些场景中，群众参与公共事务的积极性得以展现，党建引领社区发展治理体系进一步完善。

位于崇州市怀远镇龙潭村的无根山房，有着强大的艺术家阵容、艺术馆、书画交流中心、写生基地，也有着一年四季蔬菜嫁接、花卉套种形成的经典花田，山水林田交错布局。尤其值得一提的是，这里吸引了多位艺术大家居住在此，他们在崇州的无根山房打开新的"艺术康养"养老模式。

让艺术为老年人服务，这样的乡村社区服务场景，不仅为成都人提供了新颖而高质量的养老服务模式，也让很多外地人慕名而来。

"我提倡艺术养老，在旅游、休闲的过程中，提高自己精神方面的艺术感受，丰富自己的思想格调。在学习交流的过程中，达到健身、保养的作用。"67岁的云南省书法家协会会员、云南书画研究会副院长、昆明市美术家协会会员王蓉成认为，在退休后，来到这样一个环境良好的地方修身养性，爷爷奶奶、外公外婆可以带上自己的孙子，共同在无根山房学习书画，得到艺术滋养。

在成都，乡村社区服务场景还是打通联系服务群众"最后一米"的创

新举措，基层党组织的组织力也在这里得到彰显。

弥牟镇白马村地处青白江区西南面，是典型的散居院落村。2017年以来，白马村党委坚持以党建引领城乡社区发展治理为总抓手，结合幸福美丽新村和党建品牌建设，以“党建+院落+治理”为基本理念，创设了“白马乡村驿站”。70多岁的肖大爷是“驿夜话”的常客，“现在我每天吃完晚饭后都要到白马驿站来坐一下，摆摆龙门阵，对村上的事发表些看法”。白马村党委书记孟天勇说：“我们每一期的主题都不同，但是都与村民的生产生活息息相关，既有利益关系，也有休闲需要，大家参与的积极性都很高。”

白马村按“一驿站一广场”的标准打造村民文化生活聚集地，同时完善全村院落、村道、驿站小广场路灯设施和光彩设施，让小广场成为村民茶余饭后的主要休息场所。利用村民夜晚上7点至8点活动地点集中、时间集中的优势，村党委创办“驿夜话”，由院落党组织在小广场常态组织院落议事，既丰富了村民茶余饭后的文化生活，又聚焦解决村民普遍关心的共性问题，村民直接参与议事高达90%以上，变“要我议事”为“我要议事”，充分调动了院落村民议事的主动性和积极性。

白马村自驿站投入使用以来，下沉服务事项20余项。为村民提供证件复印、资料代交等18项免费代办服务。搭建集紧急呼叫、治安巡逻、扶危助困为一体的“驿键呼”应急报警系统，每个驿站每年约能帮助村民解决大小事件150起。

而通过“蓉欧+”便民连锁超市，在白马村足不出户就能享受到进口的欧洲“零嘴”。乡村社区服务场景的创新营造，也让白马村尝到了甜头。如今，一到节假日，村子里一家接一家的农家小院里坐满了客人。游客们吃着地道的成都火锅，喝着法国红酒、德国黑啤，乡土文化和国际元素在这里完美融合，让这里成为一个颇具特色的网红打卡点。

场景观察员：

着力营造专业高效的社区服务场景，完善党建引领社区发展治理体系，培育社会企业、发展社会组织，创新社区服务业态模式，推动基本公共服务覆盖常住人口，让市民群众在社区服务场景中感受美好、体味幸福。成都始终把人民对美好生活的向往作为公园城市建设的价值取向，全面提升城市宜业宜居品质，让每一个市民都能感受到公园城市建设的温度，公园社区成为市民美好家园。

第二节

社区文化场景：擦亮幸福安逸底色

成都正加强历史文化保护利用，延续成都味道生活气息，弘扬展示天府文化，强化社区精神家园的纽带作用，营造魅力多元、闲适安逸的城镇社区文化场景；以文化符号、文化活动、文化功能彰显社区文化特色，强化员工与居民的社区认同，形成开放包容、友善公益的产业社区文化场景；保护传承农耕文化，维护发扬淳朴乡风，植入多样文化功能和活动，营造天府农耕、勤劳尚美的乡村社区文化场景。

在枣子巷居住了30多年，刘同心对这条日夜相伴的街道，从没像现在这样喜爱过。小洋楼、布幌子、老虎灶、老铜壶、盖碗茶、竹桌椅，哗啦啦的掺水声、一句句家长里短……整洁、明快而又有成都味的街区，让人有穿梭回老成都赶场天的恍惚感。

"这些丰富的场景让枣子巷更有都市文化氛围，更有城市人文关怀的温度。"刘同心感慨地说，从前走在枣子巷上总让他皱起眉头：街上车水马龙，车辆乱停乱放、出摊占道严重、破墙开店泛滥，加上基础设施滞后，道路经常被堵得水泄不通。

从一条破旧、拥堵的老街巷，转变为中医药主题场景式商业文化旅游街区，在枣子巷的华丽转身背后，是独具匠心的社区文化场景营造。如今的枣子巷作为天府锦城“八街九坊十景”之一，已经成为众多游客的打卡目的地。

在成都，更多的社区文化场景正在大街小巷逐渐呈现。无论是在城镇社区、产业社区还是乡村社区，一个个充满活力而富有底蕴的文化场景正承载着成都人的品质生活，家门口的诗意与远方从未如此清晰可触，带来越来越多的获得感。

一　魅力多元、闲适安逸：有特色的社区文化场景带来新机遇

通过社区文化场景的打造，让成都魅力多元的历史文化特色得以保留和展现，产业的发展也因此各具特色，为城市改造与传统文化保护传承提供了新的路径。城市也因此避免了“千城一面”，呈现出“老成都”“蜀都味”“国际范”的活力与生机。

讲好成都故事，深入挖掘文化资源，在塑造社区文化场景过程中，成都将魅力多元、闲适安逸这一主题贯穿始终。北门里·爱情巷（见图 3–2），现在，曾经老旧斑驳的金牛区星辉中滨河路有了一个新名字。

新名字背后是区域焕发的“新面貌”。走进这个滨河空间，可以看到沿线的树木和整洁的绿道与巷内红砖外墙建筑相得益彰。依托区域司马相如卓文君千年传颂的爱情故事，以爱情文化为主题的各种小品装饰，更是成为这条街的特色。

作为成都首条爱情文化主题街区，除了环境改造提升，消费场景营造和产业植入成为这里的特色。“街区除精心打造‘滨河路绿道’及‘缘心’广场，还融入了大量消费新场景，包括‘凤求凰’剧场、民宿、酒居、茶肆、美食集市等。”驷马桥街道党工委书记徐青松介绍，除了引入社会企业，本地居民的积极性也很高。

敞开空间，主动“拥抱”市民、游客，市民张绍莲家的客厅变为“城

市客厅"。走近星辉中滨河路 6 号的无雀啖茶，红墙开门破洞，逐级而下，穿过小花园就进入了茶室，这间装修雅致的茶室由屋主将客厅改建而成。"借锦江公园打造的东风，环境改好了，游客也多了。"57 岁的张绍莲高兴地说，这样改造就是为了让游客能感受到一个普通成都人的惬意生活。

"爱情巷改造提升，不仅是外观的升级、硬件的升级，更有商业理念的升级。"在此经营着餐饮、茶肆、酒吧的洪涛说，在街区环境提升后，消费业态更加多样化，店铺的营业水平和营业额都有非常大的提升。自 2020 年"七夕"首次全面呈现后，"北门里·爱情巷"已迅速成为"市井味、时尚范"的成都社区文化新场景和网红打卡新地标。

图 3–2　爱情巷

社区文化场景的焕新，不仅让成都魅力多元的历史文化特色得以保留，也带来了新的发展机遇。市民李雪莉是成都老街爱好者，节假日一有空就骑着车逛老街，枣子巷（见图 3–3）就是其中之一。如今，枣子巷修葺一新，整条街风格和谐、细节动人。

风景从枣子巷牌坊开始。远远望去，精致铁艺外加精美雕刻石材底座，极具视觉美感。巷口，一个熊猫元素的小品景观，憨态可掬，把成都标志融入街区文化，让人印象深刻。曾经，枣子巷虽然离宽窄巷子很近，但少有游客；现在，这里成了“潮玩小巷”。

图 3–3　枣子巷

充满成都味的背街小巷在成都“遍地开花”，正串联起一道道亮丽风景。2020 年 9 月，成都就提出着力打造生活微场景，全力构筑“老成都”“蜀都味”“国际范”的特色商业街区。

一年多以来，枣子巷中医药文化街区引进了同仁堂、生元堂、四川中医药产业发展平台、科盟集团、德仁堂、杏林春堂等十余家中医药文化品牌入驻，营造了氛围浓厚的中医药体验场景。

也正是因为独有的中医药文化特色消费场景，“流量”给商家带来蓬勃生机和发展机遇。枣子巷 76 号四川杞正堂中医药有限公司，主要依托中国枸杞研究院科研成果转化，开发生产宁夏中宁枸杞及系列衍生产品。“枣子巷中医药文化街区开街以后，许多游客和市民慕名而来，人流量大了，我们的产品销售量也就上去了。”该公司相关负责人说。

场景观察员：

在城市发展史上，不同时代累积下来的胡同、牌坊、院落、民居、街道等构成了城市文明的基本形态。"随着城市的发展，如何处理好城市改造与传统文化保护传承的关系，考验着城市管理者的智慧。"市建筑设计研究院副总规划师陈乃志表示，只有更多地注入和传承、发展历史文化，让街镇各具特色、宜居宜业、活力十足，才能避免"千城一面"。

二　开放包容、友善公益：有活力的社区文化场景带来新体验

在产业社区，社区文化场景通过为市民提供可参与的社区空间，让人们能够体会美学空间的建筑之美和意境之美。社区丰富多彩的公益活动则让精英人士和外来人口越来越有凝聚力和归属感。

"离开了参与感，社区空间再美轮美奂也是个空壳子。我们不仅要吸引大家来社区，还要鼓励大家参与社区活动，久而久之，更要凝聚消费，支撑社区长远健康发展。"看着大慈寺国际青年社区一天天成形（见图 3–4），对于国际化青年社区的打造，锦官驿街道工作人员张智有自己的看法。

每到晚上，大慈寺滑板公园都会聚集很多滑板爱好者。21 岁的小杜玩滑板已有 6 年时间，以前预约的场地总在城郊，现在在市中心也能找到潮玩之地了。"这里离家不远，滑板公园的建成给年轻人提供了一个交流运动经验的好地方。"

然而就在几年前，这样一个位处春熙路商圈东部，传统文化、街头文化跨界共生的社区文化新场景还是一个封闭的四合院与露天临时停车场。

张智告诉笔者，和传统城市社区相比，考虑到大慈寺社区人群以年轻人为主，高学历、海归等新阶层人口众多，外籍人口的集中度位居全市前

列。基于年轻人很少参与社区活动、不大关注社区发展，楼宇企业员工对社区的认可度较低，更没有社区的归属感这些特性，社区传统的服务方式难以有效推行。于是，大慈寺社区便萌生了从参与感出发满足社群消费需求，打造国际化青年社区的想法。

“国际化社区，是以国际化的标准，高规格打造项目可进入、可参与、可持续的社区空间。”张智向笔者介绍，本着政府零投入、运营零成本的市场化运作思维，社区引进企业，打造了面积约 5000 平方米的大慈寺国际青年社区。“社区活动中心不再是老年活动室或图书阅览室，变成为年轻人所接受和喜爱的潮流胜地。”张智介绍，大慈寺国际青年社区项目配套有 1921 咖啡馆、大慈雅韵国际青年剧场、腾讯众创（K.Work）、电竞（文艺）场馆、国际滑板公园、华为社区科技馆、国际高尔夫社区学院、大慈雅韵茶馆 8 大支撑项目和 1 个配套服务项目。

图 3–4　国际青年社区

“以前下了班就是离开大厦，现在社区丰富多彩的活动也让人越来越有凝聚力和归属感。”对于在 IFS 大厦里工作的白琳来说，下班后叫上三五同事好友不定期到社区参与街舞活动已成为一个新的爱好。

另一边，盐市口产业社区注重文化浸润，营造开放包容文化场景，实现了推门就是美好生活。社区以区域内超甲级写字楼百扬大厦为点位，与百扬大厦共建占地面积约 1300 平方米的"百扬书院"综合型社区美学空间，其设立于写字楼 B2 层，联通天府广场地铁站，以建筑和空间的开放姿态迎接过往的居民、游客与写字楼人群，让人们能够在回家的路上、工作的途中甚至是换乘的短暂过程中都能体会美学空间的建筑之美和意境之美，打造一个承载党建、文化、教育、服务等多项功能为一体的多元艺术文化场景。

场景观察员：

产业社区中，更多是精英人士和外来人口，如何让他们对社区形成家园意识，成都在产业社区文化场景的打造上进行了多种尝试，开放包容、友善公益的特质逐渐显现出来。

三　天府农耕、勤劳尚美：有底蕴的社区文化场景带来新风貌

农耕文化是乡村社区的特有文化，在乡村社区中植入文化场景，让乡村的文化底蕴具象化。这不仅留住了乡愁，丰富了农耕文化的内涵，也为乡村高质量发展提供了源源不断的动力。

乡村是一个民族文化情感之根，文化是联结城乡记忆的关键。在乡村社区文化场景营造过程中，成都市注重对千百年来天府农耕文化的保护和传承，培育乡村的精神和文化标识，弘扬千古文明乡风，让农村能真正"留得住乡愁"。

"高力峰 26000 元，王梦蝶 7800 元，李树清 1300 元……" 2021 年春节，崇州市白头镇大雨村的村民们领到了一份新年大礼——村上第一次召开集体经济分红大会，村党总支书记冯进念着名单，村民有序签字领钱，

一张张笑脸乐开了花，“有了分红，以后的日子更有奔头了！”

大雨村曾经是成都市的相对贫困村，没有区位优势，缺乏产业基础。冯进回忆称，曾经有人上门想在村上建砖厂，有人想建化肥厂，这些项目来钱快，但是污染也高，要还是不要?

要绿水青山，也要金山银山，这是成都市给出的答案。在成都“东进、南拓、西控、北改、中优”整体布局中，对全市农业产业布局进行了全面优化调整，其中“西控”区域被定位为成都市最重要的生态功能区、西部绿色低碳科技产业示范区、国家生态宜居现代田园示范区、世界旅游目的地核心区和天府农耕文明重要展示区，通过严格的生态保护措施，留住川西“乡愁”，描画乡村大美，以绿色理念迈入高质量发展。

良好的生态本底，催生新的发展动能。大雨村的“翻身仗”，来源于网红乡村消费场景“鲜道·幸福里”（见图 3–5）。在这片生态清新的田园中，贝壳般的特色火锅观景包间沿着湖畔排开，轻柔的音乐随着夜风拂过，几乎每个晚上这里都是一座难求。

图 3–5　幸福里的“网红”民宿

农耕文化是乡村社区的特有文化，为此，成都将建立历史文化遗产保护名录，并结合当地文化底蕴形成特色农耕文化符号，鼓励居（村）民、社区规划师等在公共空间、房前屋后、街巷院落等地植入特色文化景观。不仅有文明的乡风和淳朴的邻里，更要留住这种乡愁。

在如今的成都乡村大地上，精品民宿、特色餐饮和乡村酒吧等乡村社区文化新场景如雨后春笋般涌现，市民游客在饱览浪漫田野、诗意林盘、秀美湿地等风景后，更愿意细细品味安闲、舒适、惬意的天府之国的优雅。

在蒲江县明月村，从南宁远道而来的黄美琴，在"邂逅别舍"民宿的留言簿上写下了一段话："婉转悠扬的音乐旋律，完美声线的融合，置身乡村田野之中，聆听自然之声；仿佛走进时光的隧道，到月亮那端，相约一场远离尘嚣、返璞归真的乡村音乐会……"

黄美琴笔下的音乐会，是明月村内"搞事情小酒馆"推出的"夜空的星光"音乐会。虽然没有音乐厅的富丽堂皇、炫目灯光，也没有西装革履的观众，但天然的演奏场地与甚至有些许羞涩的游客、村民观众，让音乐会看起来有些朴素，原生态里面透露着乡间泥土气息。听众们呼吸着周围干净的空气，享受着最原始的音乐节目，心旷神怡，寂静的夜晚有这样的音乐享受，感觉人生无限美好。

"这就是山野民宿的魅力。"正如黄美琴所言，厌倦了城市和酒店的千篇一律，越来越多的市民开始将目光瞄向乡村，寻找能承载高品质生活理念的新方式，而这也恰好是成都市乡村振兴的目标指向，通过农、商、文、旅、体融合发展，为市民构建起消费生活新场景。

场景观察员：

社区文化场景不仅为城市持续发展增添了活力，也让成都的文化底蕴更加魅力多元。从工业逻辑回归人本逻辑、从生产导向转向生活导向，在深刻的转变中，一大批社区文化场景成为撬动城乡发展、构筑品质生活的新载体。

第三节 生态场景营造：成都人的“绿色福利”

漫步七里诗乡，杜甫笔下“黄四娘家花满蹊，千朵万朵压枝低。留连戏蝶时时舞，自在娇莺恰恰啼”的场景再现。流水叮咚，疏影横斜，溢满田园乡愁的同时，优美的乡村环境让人倍感舒适。

成都正强化生态要素在社区中的网络渗透和多维植入，倡导简约适度、绿色健康的生活方式，营造推门见绿、低碳生活的城镇社区生态场景；以生态空间缝合生产和生活空间，建设公开透明的环保监督与监测机制，构建透风见绿、环境友好的产业社区生态场景；强化乡村地区作为公园城市最大绿色基底的作用，加强山水田林生态要素保护，结合特色资源建设乡村绿道和郊野公园，以艺术手法改造农业生产生活空间，形成青山绿水、美田弥望的生态场景。

傍晚时分，忙了一天的王凤琳没有立即回家。在街边的便利店买了一些第二天早上要吃的面包后，她来到社区的小广场和老邻居们摆起了龙门阵。在家门口新建的绿道上，王凤琳常常散散步，以消除一天的疲惫，遇到熟悉的邻居，互相问候几句，这让她觉得生活在成都十分舒服，“这里还举办各种活动，增进邻里之间的感情”。

让王凤琳感到舒服的正是金牛区星科北街（见图 3-6）打造的美好生活特色街区。社区绿道“串街连户”，为市民提供了更多舒适的慢行路段和休息区。充满“绿色福利”的社区生态场景，正带来越来越多的幸福感，为市民提供了更多休闲、消费、娱乐的新选择，新的发展机遇也随之而生。

图 3-6　星科北街

一　推门见绿、低碳生活：在"回家的路"上感受生活的安逸

城市是一个有机的联系体，通过进行社区生态场景营造，成都激活了城市细胞的活力。这些场景功能多元，让市民与自然得以和谐相处，也破解了城市更新的"痛点"和难点。

在王凤琳的印象中，街道从前可不是这样，"有很多麻将馆、五金商店等，也没有这样的小花园供我们休息"。社区生态场景的营造，给这条曾经业态低端、环境杂乱不堪的小街带来生机，成了一条"美好生活街区"。

走进星科北街，"回家的路"的标识牌引人注目（见图 3-7），在它的一旁，各色花卉、绿植让人心头一暖。还没走上"回家的路"，已让人倍感温馨。

图 3–7　星科北街温馨“回家的路”

沿着道路，走过一家家规划得宜、干净整洁的铺面，在 240 米长的街道中段，有一个小空间绿植环绕，可供居民休憩，也可作为居民展示技艺的舞台。街区绿化也变得丰富起来。原来只有单一的榕树，如今间种上了栾树、日本早樱、桂花、紫薇、石榴、蜡梅等，就连围墙上也巧妙地种植上了各种植物。如今的星科北街，四季见花、常年见绿，在绿树和鲜花的蜿蜒中随意散步，感觉清新又惬意。

通过生态场景的营造，商业新场景及生活服务新体系也随之应运而生。通过营商中心统一商家的经营理念，街区实现了自我管理、自我约束，走上了可持续良性发展，给社区居民的生活增添了一抹亮色。

在社区生态场景营造过程中，休闲、健身、游憩、科普、文化体验等多元化功能也被考虑进来。走在青羊区打造的磨底河绿道“回家的路”上，颇具“文化范儿”的水岸让人眼前一亮。石人文化里的石人太极、禅茶一隅、碧溪垂钓、茶香渔趣等，金沙文化里的淘金记忆、金沙艺趣、论古台等都在这里得到了体现。在磨底河绿道，桥下流水潺潺，岸上花团锦簇，沿线设有驿站点位、花坛坐凳，随处可见正在跑步、健身、骑行的市民……目光所及之处，俨然一幅人与自然和谐相处的美好画面。

“回家的路不止一条，可我最爱走这条。”家住磨底河沿巷的市民小青对打造后的磨底河绿道赞不绝口，她说，绿道不仅为她提供了一条舒适美丽的回家路，还让她在家门口有了享受户外运动的生态休闲空间。

“送娃娃上学，就像是走公园转了一圈，好安逸哦！”家住吉福路附近的居民刘小红发现，从市第二十幼儿园（吉福校区）到武侯区婚姻登记所间的 800 米道路变了样，路边绿化成片，成为市民休闲的“新宠”。盛夏时节，路边花草正开得艳丽，吸引人们在这里乘凉、休憩、锻炼。新建的文化墙、凉亭、花台，可进入的慢行步道，遍植花卉、绿植，极大提升了小游园的品质。

场景观察员：

城市是一个有机的联系体，顺应城市的肌理，成都通过进行社区生态场景营造，进行“小手术”微改造，打通城市的“毛细血管”，激活城市“细胞”的活力。特别是对老城的有机更新，成都通过“两拆一增”等，道路两边拆除了占用公共区域的围墙，对小区围墙进行了立体绿化整治，将之前杂乱破败的小游园进行了升级改造，增加了城市开敞空间。

二 透风见绿、环境友好：在小而美的变化里感受生活的幸福

在产业社区中，社区生态场景不仅为上班族带来了更加丰富多彩的生活方式，还通过提供多样的生活配套服务，消除了他们的后顾之忧。小而美的生态场景，带来满满的幸福感。

天气渐热，金鸡社区党群服务中心门口的小广场却笼罩在绿树浓荫下，偶有微风吹过，清凉阵阵。金鸡社区位于温江西部金马河边，西靠崇州羊马镇，也是成都医学城 A 区永盛片区范围内，辖区有 22 家企业，其

中规上企业就有 19 家。

还没走进社区党群服务中心，一块公共绿地映入眼帘，绿地中两棵直径五六十厘米的黄葛树枝叶舒展翠绿，像是撑开的巨大绿色伞盖。伞盖下，游步道将绿地分割为 4 块，里面种着木春菊、遍地黄金，绿地周围是半米高整齐种植的灌木，伴随着响亮的蝉鸣，一派生机盎然的样子。

在这个产业蓬勃发展的社区里，社区生态场景的营造，给居民带来了景观化、可参与的社区生活环境。上班族在工作之余，能够参加丰富多样的休闲活动，锻炼身体、放松身心。

没改造前，这里还是两堵围墙。“区上号召打造开放式社区，还绿地于群众。我们拆掉了围墙，金鸡社区居委会共拆除围墙 35 米，植绿面积约 150 平方米。”社区居委会副主任王丽告诉笔者，以前围墙外就是一片草地，仅有一点绿化作用，围墙里面的坝子也没有现在这么宽敞开阔。现在这个小花园一眼望过去，十分赏心悦目，心情也很舒畅。园子里的游步道边还设置了不少长椅，可方便来办事的群众休息。

然而，围墙拆掉变绿地后的功能还不仅限于此。让王丽意想不到的是，这里还成为附近不少居民晚饭后运动健身、休闲纳凉的聚集地。“一到晚上，这个地方起码有一两百人，跳坝坝舞的都有两支队伍，还有过来打乒乓球、打篮球、聊天玩耍的，十分热闹。”王丽说。

更新后的社区生态场景不仅带来了更加丰富多彩的生活方式，生活配套服务也更趋完善，消除了上班族的后顾之忧。

“辖区户籍人口 2000 人，由于企业多，外来人口目前就有 3000 人左右，比户籍人口还多。”王丽说，晚上在社区党群服务中心小广场来休闲健身的绝大部分都是企业员工及家属。“为更好服务社区居民，我们开了个暑期辅导班，成都中医药大学的志愿者为孩子们辅导暑假作业，带领孩子们阅读、游戏等。而这些孩子大部分都是周边企业员工的子女。”

通过周边居民、企业员工口口相传，金鸡社区党群服务中心门口的小广场、小绿地变成了社区的热门打卡地。“晚上坝坝舞场地都容纳不下了，有一支队伍已经转移到 500 米之外的金鸡六组健身小广场去了。”王丽笑着说，而且出于大家的安全考虑，社区还在门前广场的两个角落分别安装了摄像头。

曾经占道的私家车、裸露发臭的水沟、乱堆放的垃圾废料，变成了环境优美、设施齐全、物流文化氛围突出的社区新场景，新都区物流大道的"56聚落"司机之家在进行了一场"小手术"后，除了生态环境的改变，产业社区的服务质量更是得到了同步提升；在桂湖街道桂中社区，围绕"人"这个核心，以场景营造为切入点，小区铺设楼道地砖、增设电梯、新建非机动车棚，带来的是"邻聚力"的不断提升；新东社区曾经私拉乱建、建渣乱堆的闲置地块，如今成为居民耕作收获和学校开展劳动教育的场地……

场景观察员：

小而美的社区生态场景营造，一个个社区居民看得见、摸得着的家门口的变化，为居民带来满满的幸福感。在社区生态场景营造上，成都通过在小空间里小投入解决小问题，以设施改造、建筑修缮、服务提升、功能完善、环境美化、文化彰显等方式为居民带来全新的体验感受。

三 青山绿水、美田弥望：在林盘的新生里感受乡村的诗意

乡村社区生态场景营造，让川西林盘既有文化传承又有时代特征，既有乡土气息又有乡愁记忆。不仅如此，成都还在其中设置了多功能叠加的高品质生活场景和新经济消费场景，推动乡村的多元发展。

早春的阳光格外灿烂，彭州市葛仙山绿道上，花团锦簇，空气清新。三三两两的市民在这里或行走或骑车，路边山林青翠，村中青瓦白墙，清澈的河水在路旁环绕，浓密的绿荫上有鸟儿欢叫。

一路景色迷人，一路欢声笑语。一个户外休闲俱乐部在这里组织了亲子徒步活动，自 2018 年以来会员增加了一倍多。“以前只能去公园或是城市近郊，现在有了绿道，全家一起踏青郊游的机会也增加了很多！绿道改变了我们的生活，这些乡野是每个城市人心中的‘诗和远方’！”会员张女士的脸上淌着汗，却透出健康和自信。

在乡村，社区生态场景的营造，不仅给城市居民带来了新的休闲方式，也为农户的生活带来了改变和新的发展机遇。

而就在这条绿道上，农户的生活也变了。一幢幢青瓦白墙的川西民居小院，家家屋内干净整洁，户户门外花团锦簇。一垄垄整齐的菜地，生机盎然的阳光温室，野趣十足的书屋民宿……而以绿道为中心，带动了周边林盘的住户一起对环境进行整治，米酒的醇香又弥漫开来，农户的小院又亮堂起来，大家一起打造着以休闲旅游、文化创意、健康运动为主题的综合性林盘空间，共同营造了返璞归真的氛围与良善、勤勉、朴实的生活方式。

“七里诗乡，简直巴适！”假期里，成都文艺青年张强拿着一份手绘地图就在都江堰市柳街镇七里诗乡耍了两天，一组组美图让他在朋友圈里赚足了眼球。

道路宽敞，环境整洁，村民的脸上写满了幸福。在七里诗乡，通过生态场景的串联，川西林盘散发出新的魅力。纳入成都市重点规划林盘的“黄家大院”，汇集国学研讨、诗文品读、美食餐饮、茶道体验、特色民宿等消费新体验，成为乡村旅游精品点位；纳入都江堰市统一规划打造的 3 处林盘，李家院子、何家院子、郑家院子完整保留了茂林、古井、小桥、流水等原生态川西民居特色，吸引了大量旅客驻足。乡村社区生态场景营造，让川西林盘既有文化传承又有时代特征，既有乡土气息又有乡愁记忆。

生态场景的更新也为七里诗乡带来了多功能叠加的高品质生活场景和新经济消费场景。催生出了“柳街特色乡村一日游”“七里诗乡景区一日游”两条乡村旅游精品线路。农、商、文、体、旅在这一背景下深度融合：在青城湾湿地庄园喝喝茶，在“诗乡七坊”逛一逛，在西老三奇石馆赏玩奇石，在西林书院吟诵国学经典……给前来的游客带来了意外惊喜和不寻常的乡村旅游体验。吃、住、行、游、购、娱一条龙，全域乡村旅游给当地村民带来了信心，在绿道旁，在林盘里，当地不少村民开始主动参与到乡村旅游，已经在乡村绿道推进中初步尝到甜头。

既有亭台轩榭、清幽栈道，又有小桥流水、鱼翔浅底……从城市辗转乡村，牟绪宽一家人来到2021年成都热门的"网红旅游打卡地"之一的都江堰市柳街镇红雄社区川西音乐林盘。

绿荫茂林之间，院落若隐若现，青石白瓦间，独得一方悠然天地。走进位于都江堰市柳街镇的猪圈咖啡馆中，主屋是由猪圈改造而成，喝咖啡的桌子是用猪槽改造的，凳子是由打谷子的拌桶改造。点上三杯香浓的咖啡，各自找来自己喜欢的书，一家人就在林盘下，静静享受周末的慢时光。牟绪宽感慨，如今大部分人都生活在钢筋混凝土之间，乡村的风土人情和自然景观，让他们更多地融入自然，让心灵得到释放和放松。

这个川西音乐林盘不仅激发当地村民返乡投资千万元打造网红景点，更吸引音乐机构进驻、音乐人团队策划合作一些重大文旅项目投资。通过定期举办乡村民谣音乐会等主题旅游活动，推动传统观光游向休闲度假、深度体验游转变。

川西音乐林盘的成功，还吸引了北大资源集团和嘉祥教育集团合作投资50亿元、蓝绿双城集团投资41亿元，在林盘周边布局打造嘉祥国际教育小镇和桃李春风旅游休闲度假区，开发高端教育、研学旅游、国际文化交流、高端民宿集群等新兴业态。

场景观察员：

绿水青山就是金山银山，良好生态环境是最普惠的民生福祉，成都始终把人民对美好生活向往作为公园城市建设的价值取向。社区生态场景的营造，不仅让成都市民生活更方便、更舒心、更美好，也不断地滋养成都的生态文明建设，为城市可持续发展，形成人与自然和谐发展的新格局，提供源源不断的活力。

第四节

社区空间场景：既有“面子”又有“里子”

成都正打造开放有序的城市街区，串联活力共享的公共空间，营造秀丽温婉、舒畅宜居的城镇社区空间场景；以产城融合理念更新社区形态，大力营造人性化的公共空间，推动园区、楼宇建筑的绿色化、简约化、现代化改造，形成集约高效、品质宜人的产业社区空间场景；推进国际范、天府味的林盘聚落建设，打造彰显特色的川西人居环境，形成蜀风雅韵、茂林修竹的乡村社区空间场景。

形成于 20 世纪 80 年代的玉林街道片区，是成都最早开发的现代化小区。赵雷一首《成都》，让很多外地人记住了“玉林”，一旦来到成都，他们总念着要到玉林路走一走。走在玉林并不宽敞的街道，有种回家的感觉。绿树成荫的道路两旁，清一色 20 世纪 80 年代的旧楼，细雨中行人稀少，显得静谧。几个古铜色的雕塑被冲刷得锃亮，雕塑主题为老成都的市井生活。沿途围墙上的彩绘花鸟和山水画，笔触算不上精细，但充满蓬蓬勃勃的生气。

此外，在成都，说到宽窄巷子、人民公园，想必连外地游客都不会觉得陌生，这两处地方都是休闲放松的好去处。不过，对于住在斌升街的刘静瑜来说，还有更好的去处。虽然斌升街离宽窄巷子、人民公园都很近，但在刘静瑜眼里，家里楼下的小广场就是最好的休闲处。天气晴朗的时候，她总爱和爱人在这里打羽毛球，“还可以和邻居们唠唠嗑，去街道上的小商铺串串门，在街边的小广场坐坐，就是一种幸福”。

斌升街是成都建成的“回家的路（上班的路）”社区绿道中的其中一条。社区内原本低效利用、功能不优的公共空间在提升改造后，业态更新了，更多的公共活动、便民服务场所也呈现在小区居民面前。

随着更多场景和具有地域文化特色的精致景观的营造，成都的街区环境得到了极大的提升，越来越多的具备公园城市特色的城市空间出现在成都人的日常生活中。这些精心营造的社区空间场景中，安放着成都人的获得感、幸福感。

一 秀丽温婉、舒畅宜居的城镇社区空间场景：营造城市烟火气，生活便捷有创意

社区空间场景的营造，为市民提供了更多可知、可览、可参与的新场景。街区的有机更新为城市增加了更多的开敞空间，带来了新的生机与活力，成都持续提升城市品质，激活区域活力。

走过利通桥就到了武侯区沙堰街，这条几百米的街道上，面馆、超市、医疗诊所鳞次栉比，一家家规划得宜、干净整洁的铺面与街道相得益彰。烟火气息中又流露出几分静谧与闲适。但在两年前，这里却是成都市"最差"街道之一。

"以前小餐馆占道经营很常见，遇上下雨天，雨水混着食物残渣流到马路上让人烦恼。"家住附近翠堤春晓小区的王晓林说，现在再也没出现过这些情况了，上下班、接孩子都好走，下雨天也不用再担心那些恼人的情况出现。

"不仅要面子，更要里子。"武侯区晋阳街道办事处副主任吕敬东说，为了解决路面积水问题，街区重新铺设了400余米的雨水管网。工程耗时长，但商家和居民都很配合，缩短了工期。

沿着沙堰街漫步，你会看到，街道还更有文化了。墙上有各类精美的浮雕，且每隔一段路，其风格就有所变化。武侯区晋阳街道综合执法协调办主任张延渠介绍，这是沙堰街打造的重点，这些具有铸造工艺之美的浮雕分为川西印象、童年记忆和逝者如斯三个主题，希望依托晋阳街道的厚重文化，打造以三国蜀汉文化为底色的街景。

在道路尽头还坐落着一座小游园。原来的空地被重新利用起来，游园

内古风元素与现代设计元素融合的建筑被用以开展三国文创产品研发和文化交流，为沙堰街小学的同学们提供了解三国文化的平台。

来到成华区长天路公园城市示范街区，又是另一番不同的感受。此地，可在绿地中体验多功能轮滑跑道、攀岩运动场；可在法治广场看普法动漫、了解法治典故；还可在绿地走廊重温二十四节气传统文化。

顺着长天路下行，曾经的违法建筑被拆除了，取而代之的是绿意葱茏的开敞空间；曾经的栅栏摇身一变，成了充满生机的绿篱。在长天路法治广场，沿着醒目的指示牌，“尊法、学法、守法、用法”法治石刻跃然眼前，这是长天路社区法律之家的一个重要组成部分，一草一木，一桌一凳，主题清晰。右侧是新打造的“青年活力时尚运动广场”，突出运动、休闲、交流等功能，成了居民休闲健身的好去处。

位于双庆中学旁的一条道路也焕发了生机。以前，道路两侧杂物堆放和车辆乱停乱放严重，尤其在雨天，给周边居民通行带来不便。在街区改造中，修建了符合校园风格的便道，增花添彩，设置休闲设施、体育健身路径、增设路灯等。

而在成都画院斜对面，全新打造的社区美学新空间——宽窄有度，让人眼前一亮。川西风格的小院内陈设着不少新锐艺术家的文创作品。不少游客和市民选择在树荫下点一杯咖啡或是果茶饮品，享受这闹市中难得的静谧和艺术气息。

“没想到在宽窄巷子这么热闹的景区里还有这样一个僻静有文化氛围的新场景。”西安游客赵世平说，他在这里看到不少有意思的文创作品，大开眼界。

“我们特别注意保留了建筑中的老成都、蜀都味，同时注入更多与国际接轨的艺术资源，用美学与文创结合的方式，让老城区的空间活化再生。”在宽窄有度美学空间的马经理看来，少城历史悠久，有丰富的游客人群和众多本地居民。位于这样的地段，空间肩负着丰富本地生活场景的功能。

从用老成都黑白照片制作的装置艺术墙，到天府锦城寻香道主题的梅花杯，在宽窄有度还有不少有趣的文创作品。同时，也组织了越来越多的艺术展览，为居住在周边的市民群众提供有温度、有品位的社区美学活动空间。

老茶铺、新饮品，手作老人、文艺青年，老市民、外国人，古树年轮，创意涂鸦……墙外是热闹的景区和人流，墙内是宁静的小院风情和文创作品；开放式的水吧、卡通风格的雕塑作品，吸引不少游客打卡留念。像这样创新的社区空间场景，在成都正不断地涌现。它们不仅代表着成都人的生活美学之道，也为他们的生活方式带来新的体验和改变。

场景观察员：

街区有机更新为街道带来了新的生机。社区空间场景的营造，为市民提供了更多可知、可览、可参与的新场景。街道面貌和市民的生活随之焕然一新。

二　集约高效、品质宜人的产业社区空间场景：聚集发展生气，生活宜居更宜业

成都以"绣花"功夫，营造了一个个有颜值、有文化，更有温度的产业社区空间场景，将市民的幸福美好生活置于其中。生产、生活、生态"三生合一"的发展理念越来越明晰。

臭水沟经过梳理整治和景观生态打造，生态环境焕然一新：白鹭、野鸭在水面翩然飞舞，蜿蜒的绿道在树丛中延伸，耳旁不时传来散步休闲市民的欢声笑语……这里已然化身成都天府国际生物城的"后花园"。

生产空间集约高效、生活空间尺度宜人、生态空间山清水秀，这是天府国际生物城（见图 3-8）致力构建的"三生融合"空间体系，也让这座产业新城强势崛起。集约高效、品质宜人的产业社区空间场景，让这里不仅是一方快速崛起的产业高地，还是一座将"公园城市"和"人城境业"

理念深度融合的产业新城。

图 3-8　天府国际生物城

“在成都，发展绿色经济不仅是一个口号，更是实际的行动。”诺奖得主 Ferid Murad 教授参观了成都天府国际生物城后，对这里的绿色发展理念赞不绝口。Ferid Murad 表示，这里的宜居性让人惊叹，入驻了很多知名企业，简直超乎他的想象。“相信在未来 5 年的时间，生物城会变成一个非常庞大的生物产业集群。”

在毕马威政府与公共事务咨询合伙人刘明看来，天府国际生物城的资源禀赋非常好，特别是良好的生态环境，构建起的生物医药产业生态圈正吸引越来越多企业入驻，“我一走进成都天府国际生物城，就感到无比惬意。我们见证了天府国际生物城的发展历程，这里不仅有创新要素的集聚，还包括‘人城产’，以及生态体系的搭建”。

与此同时，产业功能区的各种生活场景正加速呈现。公立小学、幼儿园、社区综合体、派出所及交警中队办公点提升了功能区生活便利化程度，一批品牌星级酒店、咖啡屋、便利店、特色餐饮等商业配套也被引进。

在天府国际生物城，生产、生活、生态“三生合一”的发展理念越来越明晰，“知识 + 艺术 + 健康”的城市氛围日渐浓厚。这里逐渐成为一个低碳发展、健康生活，集魅力、人文、活力、品质和特色为一体的生活宜居国际社区，具备社交、娱乐、生活服务功能的复合型生活社区。

“构建高质量的产业生态圈对推动生物产业发展意义重大，作为根植于生物产业的企业，我们十分看重产业生态圈建设理念、水平和能力，成都天府国际生物城对于产业生态圈的打造，让我们对这里充满期待。”波士顿科学中国区副总裁徐萍对生物城的未来充满信心。

精准对接市民对美好生活的需求，成都以“绣花”功夫，营造了一个个有颜值、有文化，更有温度的产业社区空间场景，将市民的幸福美好生活置于其中，也让越来越多的成都人收获了场景营造带来的福利。

丝竹路，现在又叫音乐大道。这条道路跟很多城市道路都不一样：最外两侧是人行道，往里是车行道，两条车行道中间，是一个开敞式的游览空间，宽度大约 11 米。中间的开敞空间，是为各种街头表演预留的。这样的设计参照了巴塞罗那兰布拉大街，可以看到来自世界各地的街头艺人表演。

然而，过去这里是典型的老旧城区，很多小区都是 2000 年以前修建的，基础设施比较差。成都音乐坊片区还打造了一条“爱乐环”。音乐大道周边的背街小巷，以及老旧院落也进行了环境整治，植入了音乐元素。过去少有人去的背街小巷，如今已成了一处处小景点。

沿着成都音乐大道走，两侧还能看到许多乐器销售店铺，有些店铺的店招上，带有“微博物馆”字样。“我们在 100 多家乐器店中，选取了 12 家，按照‘一馆一特色’进行打造。”来自成都艺美惠社区文化发展中心的林惠敏介绍，这个项目达到了一举多得的效果。乐器店对店铺进行了重新装修，整个音乐大道的形象得到提升；微博物馆免费对外展览，定时承接社区的公益课程。对于乐器店而言，也有经济回报，相比 2020 年，12 家乐器店的销售额有 8%—25% 的增长。

场景观察员：

给大楼穿上彩色外套、在路面画上跳动的音符、在街头植入和音乐有关的雕像……这些只是给成都音乐坊穿上一件音乐外套，更重要的是要注入音乐元素，发展音乐产业。已对外呈现的成都音乐产业中心，就是音乐坊发展音乐产业的一个重要载体。该中心定位为集音乐、文化、交流于一体，创意消费、联合办公、社区商业、产业孵化等多种业态并存的文化创意创业综合体，已成为众多音乐类企业发展的乐园。

三　蜀风雅韵、茂林修竹的乡村社区空间场景：带来兴旺人气，生活舒心有盼头

在经过用心的空间场景营造后，成都平原最美丽宜居的生态底色得以展现。乡村社区空间提升了农村的人居环境，保留了乡村的原始风貌，也让美丽乡村的宜居“红利”不断释放。

从成都市区出发，经成万高速到天桂路，再顺着省道106线拐上丰土路，来到彭州三圣鹭栖香楠林盘。这条有些复杂的路已被韩章尧跑得驾轻就熟——在彭州市担任乡村规划师期间，她已记不清自己曾多少次来过这里，茂林修竹、小桥流水、寂静的寺庙以及被高大树木掩映的典型川西风格的民居……眼前世外桃源般的画面仿佛从她笔下的图纸中跃出。

川西林盘发源于古蜀时期，有几千年的历史，是一种村民院落与树林、河流、外围耕地融合的聚居形式，也是成都平原独有的风景。在乡村社区空间场景营造过程中，成都市始终坚持规划先行。像韩章尧这样的规划师活跃在成都乡村，将“先策划后规划、不设计不建设”的理念向乡村传递。他们的努力，已经卓有成效。

碎石铺就的小路通往竹林深处，水塘中央的舞台上，几名身着民族服

饰的姑娘正在载歌载舞。无意间闯进一个古朴的院子，咖啡的浓香扑鼻而来，游客纷纷收起忙着拍照的手机，驻足喝一杯咖啡聊一会儿天，满满都是假期的惬意。“太美了，在这里不仅可以欣赏美景，还能找到别样的宁静。”重庆游客李星浩说。

这是都江堰红雄社区的“川西音乐林盘”。这里曾经只是成都平原一个再普通不过的村庄。自成都市启动川西林盘修复整治工程以来，村上大力开展环境整治，恢复了林盘植被。房屋按照林盘院落的形态建造，建筑材料都是旧砖旧瓦再利用，很好地保持了原始风貌，并按照农、商、文、旅、体融合发展的思路植入了川西农耕文化元素、竹林水塘等景观以及民谣、古乐等音乐元素。短短两年，红雄社区便成了大名鼎鼎的特色乡村旅游目的地。

美田移步换景，林盘曲径通幽。这些成都平原最常见不过的村庄，在经过用心的空间场景营造后，展现出成都平原最美丽宜居的生态底色。乡村社区空间场景的创新营造在成都“遍地开花”，农村人居环境得到全面持续改善，美丽乡村释放宜居红利。

在郫都区安德镇安龙村，一户挂有“蜀都冬泳爱好者基地”牌匾的农家乐就以采用建造小型人工湿地方式来净化农村生活污水。农家乐业主陈仕彬告诉笔者，由于他家邻近河畔环境优美，每逢周末节假日，就有许多游客到他家喝茶就餐，天气好的时候一天要接待上百人，而由此产生的一些经营性餐饮废水，则未经任何处理直接排入走马河，对附近的水环境造成了一定影响。

如今，农家乐的污水经人工湿地多级处理后，原本污浊不堪的废水变成了改观明显的清流，在有效减少对走马河水环境污染危害的同时，其人工湿地也被打理成了一个绿意盎然的小花园，为他家门前添色不少。“环境好了，周围不臭了，来此休闲游玩的客人也越来越多，高峰期可达到上千人。游泳爱好者还把我家小院当成了他们休息的基地，因为我们这段河水干净。”陈仕彬满面笑容地说。

场景观察员：

社区生活空间作为承担着社会服务和社区生活双重功能的重要载体，逐渐成为建设高品质和谐宜居生活社区场景的核心组成和社区发展治理拓展延伸的重要阵地。成都从市民感受的细枝末节入手，通过加快推进街巷更新、社区花园、“回家的路”（上班的路）等细胞工程，构筑触目可及的美丽图景、便捷可达的空间场景、触手可得的绿色服务，扮靓了城市街区和环境，让环境品质的提升看得见，幸福生活摸得着。

第五节

社区共治场景：让社区更有人情味

成都正发挥党建引领作用，把各类群体和组织团结在党的周围，带动多类主体共同参与，构建整体联动、互联互动的城镇社区共治场景；发挥党建的引领作用，建立同企业共建共治、双向互动的治理机制，形成社企联动的产业社区共治场景；发挥党建的引领作用，构建村委会与集体经济组织的联动机制，强化村民自治热情与能力，营造社集联动、村民自治的乡村社区共治场景。

这是一个情况特别复杂的社区：作为龙泉驿区规模最大的农民集中安置区，崇德社区（见图 3–9）的 2.4 万余常住居民来自 8 个乡镇，从农村到城市、从农民到市民，身份角色的转变过程并不简单。

这也是一个被管理得井井有条的小区：文化走廊各具特色、微花园堆满绿植、微茶馆古色古香。经过共建共治共享，小区环境得到提升、居民关系更加融洽，小区内还搭起“自助圈”。

华丽转身的背后，得益于社区党委探索实施的“楼栋微治理”。在精细化服务下足“绣花”功夫，成都通过在社区营造共治场景，让共建共治共享成果遍地开花，社区更有人情味，市民的安逸指数越来越高。

图 3–9　崇德社区

一　整体联动、互联互动的城镇社区共治场景：共建共治共享增强社区凝聚力、向心力

通过社区共治场景的营造，管理有序、治安良好、服务完善、文明和谐的宜居社区在成都遍地开花，社区氛围文明和谐。在共建共治共享的治理过程中，成都建立了一套成熟的微治理机制。

行走在崇德社区 4 个院落之中，鲜艳的党徽闪闪发亮，处处洋溢着文明、和谐、幸福的生活氛围。崇德社区 10 年前刚刚组建时，邻里纠纷、物业矛盾等各种问题经常发生。

“刚开始，邻里之间时常会因为一些鸡毛蒜皮的小事发生争执，居民对物业有意见时，情绪也容易激动，这都需要我们社区工作者去调解，那个时候我们工作量确实很大。”崇德社区党委书记曾明秀说，等到矛盾发生后，再去解决矛盾，这样始终不能根治，要想解决问题，还得从源头上预防矛盾的发生，即使发生了，也要理性合法地提出诉求。

作为一个拥有 6861 户、24000 余人口的高度集中新市民安置区，保持社区和谐稳定至关重要。崇德社区坚持以问题为导向，多措并举化解矛盾。

“我们创新推出‘零距离工作法’，设置 8 个党员服务岗到居民家门口，开展‘7 点民情访谈坝坝会’，实现党组织和党员联系服务群众零距离。”曾明秀介绍，社区常态化开展的“7 点民情访谈坝坝会”，现场办公解决民生问题 1000 余个，推动矛盾纠纷在小区院落化解。

崇德社区有这样一部分居民，年龄偏大，但又没有达到领取社保养老金的条件。“这部分居民最缺的就是一份合适的工作，这对他们来说太重要了，我一定要努力为他们解决好。”曾明秀告诉笔者，通过区域化党建，她和社区工作人员积极联系辖区的合作企业，努力为居民拓展就业渠道，尽快就近帮助这些居民找到工作。现在，社区以“惠民服务站”为载体，创办“崇德嫂子家政”“巧媳妇手工坊”“成都崇德环境管理有限公司”等社区企业，有效解决了居民在家门口就业的问题。（见图 3-10）

图 3-10　崇德社区“微”党建文化墙

社区还创办了"市民大讲堂",评选"崇德好人",着力增强社区的凝聚力、向心力,积极涵养社区精神,营造文明和谐、互帮互助的社区氛围。在共建共治共享的治理过程中,崇德社区建立了一套成熟的微治理机制。

走进E1区7栋楼架空层,上百平方米的空间走廊被充分利用,"微互助"栏、"微党建"栏、"微分享"栏等内容逐一呈现。

微互助最便捷。楼栋邻里志愿者在公示栏里留下电话,展露自己的"绝技",只要邻居有需求,随时可以拨打电话,志愿者将立即前往提供服务。

微党建最贴心,"有困难,找党员"。社区把党的阵地建在群众身边,成立楼栋自治联络站和楼栋"微"服务机构,公布党员的联络方式、特长和承诺,发挥党员先锋模范带头作用和支部战斗堡垒作用,积极为居民服务。

微茶馆最接地气,在楼道墙面规范安装橱窗、悬挂名言警句;适当空间安装小憩座椅、棋牌小桌椅,规范公共空间环境,为居民提供休闲娱乐场所。

微花园最美丽,社区动员楼栋居民摆放认捐、认养盆栽植物,让大自然的美丽之花绽放于楼栋空间……

场景观察员:

微互助最便捷,微党建最贴心,微茶馆最接地气,微花园最美丽。通过社区共治场景的营造,崇德社区成为一个管理有序、治安良好、服务完善、文明和谐的宜居社区。社区党委先后获得"四川省先进基层党组织""成都市就业创业工作先进集体"等30余项荣誉称号。

二 双向互动、社企联动的产业社区共治场景:共建共治共享释放产业发展资源优势

社区共治场景的营造促进产业社区治理和企业发展、员工成长互为支撑、共生共荣。企业及社会组织更好地参与社区共治场景营造,各类公共

服务在产业社区不断地生根发芽、茁壮成长。

如果说社区共治场景的营造让像崇德社区这样的传统社区实现了华丽转身，那么在产业社区，它则释放出蕴藏的消费活力和经济发展巨大动能。

桂溪街道月牙湖社区创新打造 O2S 营造空间，通过产业、空间、服务、共治、智慧等场景营造路径，推动社区从单一的经济功能向文化功能、治理功能、服务功能等综合性维度拓展，促进产业社区治理和企业发展、员工成长互为支撑、共生共荣。

O2S 营造空间不仅配备了劳动人事争议联合调解中心、“群众工作之家”、自助政务服务等，更有社区联盟单位提供的特色共享办公服务，如会议室、人脸识别储物系统、午休睡眠舱、母婴室等，呈现出产业社区服务的新场景。

“月牙湖社区内多为集商、住、酒店于一体的开放式楼盘，有 5300 多家企业，所服务的近 10 万人中除了居民还有企业员工。O2S 营造空间就近设在大家身边，不仅是将服务下沉，更希望通过服务共享的模式吸引更多企业参与社区共治。”月牙湖社区负责人陈立容说，社区还与街区综合党委、辖区企业、社会组织签订了共建协议，开启送服务进社区、聚资源在楼宇的创新性产业社区治理工作模式。

成都通过吸引企业及社会组织更好地参与社区共治场景营造，布局完善各类公共服务需求，公园城市生态价值、美学价值、人文价值、经济价值、生活价值、社会价值在社区内得到了充分融合，回应了社区居民对美好生活的期待。

当前，成都外籍商旅人士已达 69 万，常住外国人口 1.74 万，往来外籍人员数量已位居中西部城市之首。如今，成都的示范性国际化社区越来越多，社区共治场景的营造也提升了外籍人士的生活幸福感。走进郫都区郫筒街道双柏社区，“国际元素”随处可见，重要路段有双语标志路牌，公园里矗立着多语种无人超市，社区里还开设了国际服务窗口。

双柏社区具有浓浓的郫都特色，定位为“电子信息产业功能区和国际化都市新区”，是一个开放共融、服务完善、治理有序、活力创新的产业服务型国际化社区。从"詹叔英语沙龙"到"青木先生日语课堂"，从感动整个夏天的"世界看双柏国际夏令营"到温暖整个冬天的"国际友邻文化节"，从投放多语种无人智能超市到新消费场景BLOCK街区惊艳亮相……双柏社区构建的国际化社区共治场景亮点纷呈。

"在我的认知里，这样的公共设施，只在有活动时才会开放使用，像创智e站这样全开放的活动空间，是迄今为止我见到的最具创新力的便民场所。"在郫都区工作的青木克裕，是成都电子信息产业功能区引进企业拓米（成都）应用技术研究院副院长，住进双柏社区后，社区公共空间创智e站成了他融入中国社区生活的主要平台。

场景观察员：

从城打造国际化社区不仅是让外籍人士在成都生活得安逸，更是立足于构建惠及全体居民的国际化社区发展体系，营造智慧、品质、友善、融合的中外人士交流环境。通过积极招引各领域优秀人才，同时充分利用周边高校云集、智力资源丰富的优势，双柏社区不断加大国际化社区建设的社会参与度，让居民在社区活动中感受到越来越浓厚的国际化氛围。

三　社集联动、村民自治的乡村社区共治场景：共建共治共享促进乡村价值转化良性循环

在乡村，新的社区共治场景为乡村治理提供了新的模式，提高了群众参与的积极性，催生了源源不断的发展动力，让乡村走上了生态价值持续向经济价值和社会价值转化的良性循环。

在成都乡村，社区共治场景的营造，激发了群众自主力量，共建共治共享长效机制不断创新，公园城市的美学价值，也因此在乡村被更加充分地展现出来。

三角梅正在怒放，柚子挂满枝头，全新的树脂瓦配上粉刷一新的白墙，让西河镇天平村曾家大院十分整洁清爽。几位前来参观院子的餐饮老板坐在村民邱永德家的院子里，正在洽谈租房事宜。

在此之前，邱永德已经带领这些餐饮老板在村里逛了一圈，这里完全没有传统农村的脏乱，处处都是赏心悦目的绿植花草、流水荷塘，优美的环境让投资者十分满意。尤其是看到正在巡逻的人居环境服务队，更是增添了前来兴业的信心。

天平村人居环境服务队是西河辖区首支农村人居环境社会化服务队伍，均是由各组推荐的综合素质优、积极性高、工作能力强的人员，负责在全村范围内开展各种人居环境整治行动，包括清理垃圾、清理沟渠、林盘整治；常年对全村区域进行生态环境卫生巡查，掌控情况、及时整治处理相关问题，落实环境卫生长效管理维护，负责花草树木的栽种和管护。“他们既是社会化服务队伍，也是我们自己的村民。”村党委书记周永才感慨，“自己的家园自己管，谁不认真呢？”

在同属西河镇的卫星村，村民们对自家房前屋后环境的整治同样积极。村民刘军刚用积分兑换的超市代金券买了一些生活物品。自农村人居环境治理以来，西河街道卫星村推行了以家庭为单位的“积分+”清洁家庭项目，制定了积分兑换标准、评分标准等相关细则，村民可以凭借积分在村里兑换与积分等额的超市代金券。如今，该村800多户农户全部装上了积分牌，大部分的家庭都能拿满每个月的10分积分，随之而来的则是村上的面貌焕然一新。

在一项项创新整治措施的推动下，新的社区共治场景层出不穷地出现，一个个村庄如同开启了“美颜”模式般鲜活明亮。社区共治场景也催生了源源不断的发展动力，让乡村走上了生态价值持续向经济价值和社会价值转化的良性循环。

雨后的东华社区村庄如黛。沿着“集趣东华”的游览指示牌前行，水杉挺拔，檐廊连房，路旁盛放的格桑花，白墙上的手绘图，川西民居的清雅扑面而来。

宴大姐一早便张罗开了，扫院子、磨豆花、备上农家菜，迎接即将前来的游客。“这两年咱们村越变越漂亮，游客也越来越多，许多外面的人来做项目，我们也‘搭车’赚钱！”

环境好了，日子也红火起来，这样的变化源于社区在城乡环境综合整治中创新推出的“一元自理”模式：在农村厕所、污水、垃圾“三大革命”以及风貌美化的基础上，村民每人每月缴纳1元钱清扫保洁费，引导农户与保洁员互相监督，将环境“治理”变成了环境“自理”，形成了村庄治理的长效机制。

小小的1元钱，带动的是共建共享的强大动力。通过党员和典型示范带动，百余户村民主动认购了月季、三角梅、绣球等植物，将房前屋后装点得花团锦簇；闲散的荒地规整成块状微田园，安上竹篱笆，营造出生机勃勃的田园美景；林盘中的房屋墙上，54幅水墨画展示了村上的自然文化禀赋；百姓故事会、道德讲堂、亲子乐园、汉服巡游、五星文明户评选等活动丰富了村民的精神生活，营造出浓厚的川西农耕文化氛围。

感受到变化的不仅仅是当地村民，还有广大的投资者和游客。魔法鲸灵乐园、麦奇花园农场、猪圈书屋、共享厨房、海景农业……一个个乡村文创和休闲旅游项目纷至沓来，推动农商文旅体融合发展，一个环境秀美、村民和谐、产业兴旺的乡村旅游区逐渐成型，东华社区也先后被评为省级“四好村”、省级“美丽乡村”、市级“农村人居环境示范村”、市级“百佳示范社区”。

场景观察员：

城市生活的每一天，都与社区息息相关。社区治理的内核，是服务居民。以“绣花心”为居民提供精准化、精细化服务，越来越多的社区共治新场景，正将社区打造成新人居空间，也刷新着人们对生活家园的定义。在城镇社区、产业社区、乡村社区，美好生活的春风穿行不止。

第六节
社区智慧场景：让生活更加方便、暖心

成都正大力发展社区智慧服务与管理系统，对接多类主体开发多种应用场景，解决社区生活与管理中的“操心事、烦心事、揪心事”，构建云端集成、智慧生活的城镇社区智慧场景；建设与企业诉求高效对接的智能服务平台，打造满足员工需求的虚拟家园，形成科技引领的产业社区智慧场景；将农业、农村、农民接入开放共享的信息网络、技术网络、服务网络，营造智慧生产、智能互联的乡村社区智慧场景。

快要开学了，家住锦城社区的张隽熙开学了，爸爸张晓沛打开手机上的“天府市民云”进入学费缴纳服务，半分钟的时间搞定。为深入推进智慧社区建设，成都启动了市民云服务平台建设，着力整合各类政务App和信息平台的服务资源，推动实现居民服务“一号通”。开发上线的“天府市民云”App，聚焦市民“生老病死、衣食住行、安居乐业”需求，集成网上办事、信息沟通、交通出行、医疗服务、便民缴费、生活消费等服务功能，实现了“一次认证、全部通行”。

成都通过营造多方位立体化社区智慧新场景，在城市管理、基础设施、高品质公共服务等方面为城市居民更好地提供衣、食、住、行等全方位多场景服务。

一　云端集成、智慧生活的城镇社区智慧场景：“触网”生活更加智慧、便捷

社区智慧场景将社区居民与公共服务连接起来，让市民在足不出户的情况下就可以实现身临其境的各类体验，生活更加智能、便捷，为社区转

型升级发展提供了新动能。

清晨7点刚过，家住成华区青龙街道致强社区的罗秀花就拿起塑料袋、铁钳出了家门。自从社区环境升级改造以来，罗秀花就有了一个新的身份——"豫府自治服务队"队长。

致强社区是一个集拆迁安置住宅区和商品住宅小区为一体的新型城市社区。辖区位于成都北大门，作为典型的农村拆迁安置社区，如何建设更加和谐优美祥和的新型社区？致强社区在发展中，以创新城乡基层社会治理新模式为契机，营造社区智慧场景，实现社区转型升级发展。

社区的下水道堵了，一大堆垃圾堆在地面无人清理，以前遇到这些问题根本找不到解决的途径。该怎么办？社区居民想要与社区共建共治，但往往因为找不到解决途径，就此放弃。为此，致强社区上线了"滨海家园App"，实现了"一触"破题。

按照自治和综治并重的原则，青龙不断深化"滨海家园2.0"院落协商组织服务系统。小区的居民业主均可以在手机上下载"滨海家园App"，这个App还同时具有情况上报、一键求助、积分兑换等各种功能。

如若社区居民遇到安全、身体等紧急情况，想要联系社区工作人员解决，就可以点击"滨海家园"App上的"一键求助"，电话将直接拨打至社区工作人员。社区工作人员黄华兵很快就熟悉了操作："我现在就是负责巡查和上报，要是发现小区有什么环境问题、纠纷情况、消防设施安全、流动人口等各种各样的问题，都可以在这个App上进行填写上报。"

传统社区治理难以承担现代城市治理重任，社区智慧场景建设成为必由之路。由文韵昭青@智慧体验馆、智汇云驰@街坊家空间共同构成的"青龙街坊·家空间"，也诞生在致强社区全新的"青龙记忆5811广场"。北京市委党校谈小燕教授在现场参观完后说，"青龙记忆5811"和智慧社区体验馆是社区规划实践的一个现实样板。如今的致强社区，居民主动参与社区治理比例由60%上升到90%，社区矛盾纠纷下降75%，社区可防性案件下降85%。

社区智慧场景通过一个个智慧手段，将社区居民与服务人员连接起来，在足不出户的情况下就可以实现身临其境的各类体验，生活更加智能、便捷。

“今天晚上想订个餐，麻烦请送到家里来。”家住锦江区莲新街道宏济路社区的张婆婆熟练地拿起手边的“一键呼”，对接线那头的工作人员说道。不到下午6点，社区日间照料中心的工作人员便提着打包好的饭菜来到了张婆婆家。“有了它，实在方便。一个电话，饭菜就送到家。”对社区的送餐服务，张婆婆赞不绝口。不仅如此，通过类似“一键呼”等系列居家养老服务终端，张婆婆还能享受到保洁、护理、理发、洗浴等上门服务。张婆婆口中的“方便”，如今越来越多的老年人都能切实感受到了。

近年来，成都全面推进养老服务高质量发展。在锦江区宏济路社区日间照料中心内，设有日托区、护理站、家庭医生工作室、休闲区、光明影院、电子阅览室等，可满足老年人的日常生活需求。为更好地提升养老服务水平，锦江区搭建了锦江区居家和社区养老综合服务平台。平台容纳了包括老年人信息、服务机构信息的关爱地图、补贴情况、人员管理情况等全面而翔实的信息。“有了它，我们可以实现实时呈现居家养老服务流程和质量，有效监管各项养老补贴发放，精确统计各项涉老数据等功能。”上述负责人告诉笔者，打个比方，有老年人呼叫需要上门保洁服务，那么平台就会显示这位老人的居住地址、身体状况、年龄等基本信息，以及以往服务记录等。服务过程在平台上可以呈现。

场景观察员：

社区智慧场景通过一个个智慧手段，将社区居民与服务人员连接起来，在足不出户的情况下就可以实现身临其境的各类体验，生活更加智能、便捷。锦江区首先建立了“长者通”呼援中心，这个被比作“电子保姆”的呼援中心，可为老人提供五大类30余项的24小时服务，满足了老年人多样化、个性化、多层次、全天候、可定位的服务需求。除此之外，还有包括“一键呼”、智能手环、老人行动感知器等设备，它们均与平台联网，动态更新老人各方面信息。

二　高效对接、科技引领的产业社区智慧场景："云端"服务零距离、零时差

互联网技术、智能科技、智慧社区为产业社区带来了全新的生活体验。社区智慧场景的建设也有利于提高要素配置效益，丰富多样的智慧手段，提升了产业布局与环境资源的适宜性。

"安逸！"来成都芯谷研创城之前，武汉某科技型创业团队负责人王强到好几个城市考察过，最终选址到了双流区。

"安逸"一词对落户到成都各产业功能区的"王强"们而言，不只是环境给予的直观感受，也有完善的产业链和供应链带来的便捷。

作为中国电子信息产业集团与成都市政府共建的集成电路产业聚集区，这里不仅为入驻企业提供高品质、智能化的统一服务，还依托园区智慧城市云平台，结合互联网技术、智能科技、智慧社区等理念，为工作者带来全新的体验。

目前，园区入驻了中电光谷旗下全派餐饮及中国移动通信等，随着咖啡店、连锁超市等便利设施的入驻，将为园区企业提供"一站式"、多样化优质的工作、生活配套服务。

社区智慧场景的建设有利于提高要素配置效益，为城市发展提供了新动能，推动产业布局与环境资源相适宜，城市功能支撑和区域发展结构日趋合理。

从万物皆互联，到万物皆可"云"，"云上生活"已成为触手可及的生活工作实景。为加速创业企业稳产满产，为创业"蓉漂"们搭建云服务平台，全国首个民营国家级科技企业孵化器天府新谷创新地将创业孵化社区搬上"云端"：天府新谷 720°VR 全景平台——"云上新谷"把创业孵化载体上载"云端"，该创业社区同时启动 7×24 小时"载体零距离、服务零距离"云服务模式，创业企业即便是在千里之外，也可在"云端"零距离对载体"下单"。（见图 3-11）

图 3-11　天府新谷

“云上新谷”采用三维立体图片取代平面图片效果，让创业社区实景再现，真正实现将全景新谷“装进口袋”，实现千里如咫尺的“零距离、零时差”互动。

“‘云上新谷’采用云台与全景相机设备共用、全画幅单反与鱼眼镜头相结合的方式拍摄，打造身临其境的沉浸式 VR 全景视觉体验。”环娱互动项目经理华倩说，“云上新谷”的 720° VR，将创业“全景图”浓缩成 20 余个创业生活场景，涵盖了创业孵化、创业生活、创业服务、地理交通等应用体验，以全景 VR 分镜头的模式，实现“云”上创业社区的创业、生活全景体验。

“‘云上新谷’让我们团队在千里之外就能对成都园区有身临其境的实景体验。”计划从上海来蓉发展布局的陈先生，通过“云上新谷”试运行平台，在千里之外“走进”了位于成都的天府新谷创业社区，“园区工作、生活场景以及载体情况都能清晰了然，直接可以‘云下单’。”

“作为‘云上新谷’最核心的功能建模之一，是将‘线下’的创业孵化载体，通过 720° VR 全景搬到‘线上’，实现无接触、全景观孵化载体资讯获取。”天府新谷创新事业部的章建新告诉笔者，“云上新谷”目前能实现载体云查询、创业云对接功能，“云上金融”“全球孵化”“云上社区”等服务也将持续上线。

首批登录“云上新谷”的创业孵化及园区配套载体中，涵盖了创业苗圃、创业孵化器、创业加速器、创业社区商业配套等多种房源载体。此外，天府新谷创业社区还搭建了 7×24 小时服务专员通道，登录“云上新谷”的创业孵化及园区配套载体，均可通过“在线预约”对接服务专员，进行“一对一”创业孵化载体平台对接，真正实现让新谷上“云”，让服务落地。

场景观察员：

社区智慧场景的建设有利于提高要素配置效益，为城市发展提供了新动能，推动产业布局与环境资源相适宜，城市功能支撑和区域发展结构日趋合理。

三　智慧生产、智能互联的乡村社区智慧场景：“智慧”田园重塑旅游形象

智慧场景的营造，提升了乡村体验场景、消费场景和生活场景的品质和宜居性，改变了传统的乡村形象，重塑了乡村的产业生态，让乡村的发展具有了更多的选择。

在道明镇竹艺村，通过引进社会资金投入建成竹艺村公厕——“第五空间”，一改以往只能“解决内急”的单一功能，具备了 Wi-Fi、缴费设备、自动售卖机、ATM 机和手机、电动汽车充电设备以及废旧物资回收利用等多种基本公共服务，让村民、游客都大开眼界，享受到更多便利。

社区智慧场景的营造，让一个个高品质的体验场景、消费场景和生活场景在成都广袤的乡村不断涌现。传统的“一日游”“白天游”因此华丽转身，游客们纷纷留下来，向着“体验游”“深度游”转变。与此同时，社区智

慧场景的引进，也给乡村的产业发展带来了源源不断的“活水”。

走进“三圣花乡”花乡农居，注意力第一时间便会被由几个方形、巨大的“玻璃房子”所组成的建筑群吸引，在阳光的折射下显得格外耀眼。在这里工作、生活了快30年的刘音正和工作人员一起搬动花盆，用花卉布置内饰。抹去额头上密密的汗珠，手脚利落的刘音一刻不停。

“很多人都以为这是种植花卉的地方，但这是我们转型之后的项目之一，说是玻璃花房，其实它的功能远不止于卖花。因为定位是集线上售卖、线下观赏于一体，还附带下午茶、打卡拍照等功能，所以我们更愿意称它为‘花卉场景营造’。”刘音介绍，在“玻璃花房”，顾客可以观赏完实体景观之后再线上下单，也许人还没回到家，花就已经送到了。“我们会直接对接国内外花卉基地，届时能给消费者最优惠的价格和尽可能多的选择。”刘音告诉笔者，为了紧跟潮流，馆里所有的布置、装潢都是可以随着节日、季节等因素而移动的。比如目前在布置的是新春主题，夏季则会推出热带雨林、多肉景观等主题。

“白天 + 夜间”模式、“平台经济”……和刘音一样，“三圣花乡”景区提档升级之初，不少村民听了这些新词汇感到迷茫又陌生，而如今做了一辈子花卉批发生意的刘音说起新商业模式也能头头是道。“信心，就来源于政府营造都市田园新场景，加快建设美丽宜居公园城市的决心。”

在社区智慧场景营造的基础上，“三圣花乡”通过多维度分析人群客流、消费行为等因素，以节会活动、特色美食、艺术巡展等吸引人流，打造永不落幕的花乡节庆活动。与熹微视界文化传播有限公司合力打造智慧景区，率先推进5G试点，打造集智慧交通、智慧照明、智慧消费等于一体的智慧景区系统，构建起1分钟需求回应、5分钟关爱可及和15分钟服务供给的服务体系，实现服务全方位、全时段、全覆盖。引导运营公司丰富服务项目、商家参与志愿服务，打造赏心悦目的消费场景，满足游客吃、住、玩多样消费需求。依托抖音、小红书等网络平台，实施“线上 + 线下”营运，不断引爆网络热点，持续提升景区网络关注度，重新塑造景区旅游形象。

场景观察员：

让城市发展回到以人民为中心的轨道上来，社区智慧场景的营造，让创新的活力和动力不断地迸发，持续推动着制度创新、政策创新、管理创新和商业模式的创新，社会主体、市场主体参与城市发展的积极性被不断激发。社区智慧场景既是城市高质量发展的载体，也为成都人的幸福生活提供着层出不穷的新体验。

专家点评：

适应新时代高品质生活的需求，中国城市和乡村的发展与管理不断走向更贴心、更精细、更温暖。让每一座城市宜业、宜居、宜乐、宜游，让生活在其中的人民有更多幸福感和获得感，让社区成为人民共创美好生活的幸福空间正当其时。书中描绘的场景之城——成都的社区一幅幅美丽画卷，让阅读者充分感受到烟火成都的无限风情。走进邻里社区，跟随成都人民共同体验市井生活的华丽转身，新时代的火热激情扑面而来，"让人人都有人生出彩机会，人人都能有序参与治理，人人都能享有品质生活，人人都能切实感受温度，人人都能拥有归属认同"，习近平总书记倡导的"人民城市人民建，人民城市为人民"理念在这里有了最真实的写照。无论是在城镇社区、产业社区还是乡村社区，一个个充满活力而富有底蕴的文化场景正承载着成都人的品质生活，传递着中国基层社会最美好的叙事，创建着富有中国味道的社会治理新内涵。

——同济大学刘淑妍教授

第四章

“成都人”的底蕴——天府文化　烟火成都

人们对美好生活的向往正在从基本的物质满足向精神文化层面跃迁，文化成为一座城市最为显著的身份标签与影响力之源。近年来，成都积极挖掘文化底蕴，传承巴蜀悠久文明、创新发展天府文化，将“三城三都”作为建设世界文化名城的时代表达，加快建设世界文创名城、旅游名城、赛事名城和国际美食之都、音乐之都、会展之都，通过“文创 +”“旅游 +”“体育 +”“美食 +”“音乐 +”“会展 +”等行动，不断创造和丰富充满吸引力的文化场景，持续提升城市文化影响力和全球传播力。本章通过成都“三城三都”建设中生成的一个个动人场景，生动呈现成都通过营造文化场景“陶冶人”的故事。

第一节

世界文创名城：城市因文创场景而鲜活

从国民游戏《王者荣耀》的横空出世，到沉浸式戏剧《成都偷心》的火爆演绎，再到现象级电影《哪吒之魔童降世》的惊艳诞生，各种文创 IP 不断被挖掘打造，大批重点文创项目签约落户成都。2020 年，成都市实现文创产业增加值 1805.9 亿元，较 2017 年增长 127.8%，占全市 GDP 比重首次突破 10%。打造“世界文创名城”，成都的步子，已然越迈越大了。这些如雨后春笋般涌出的优质文创企业，无一不展示了成都这座城市丰富的文创场景。

天府长岛开园仅一年，已吸引了腾讯、爱奇艺（见图 4-1）、可可豆动画等互联网巨头与行业隐形冠军的青睐，正逐步建立起数字文创领域引领性生态；泸州老窖的跨界之作，致力于打造动漫人物、原创 IP 音乐、短视

图 4-1　落户天府长岛文创中心的爱奇艺潮流文化坊

频、直播等数字化产业链的泸州老窖创意文化中心已正式入驻；亚洲电子竞技大师杯·中国赛是亚洲首个顶级综合性电子竞技赛事，这也是继雅加达亚运会之后，亚洲电子竞技强国间的又一次实力较量。

"快帮我在前面的红色拱形门下拍张照片。"成都市民张蓉和朋友在走向东郊记忆南大门的路上发现，这里的场景和以前不太一样了。

在街道上笔者看见，新布置亮点众多，一侧集合了不少潮流买手店和一个小的公园绿地，一侧有钢琴步道、地面的LED字、"萤火虫"摇摆灯、海棠花、月见草、火车头咖啡馆和轨道踏板车坐凳，既装点了街道，又提供了休憩空间。笔者注意到，火车车厢改造成的咖啡馆，里面的陈设摆件既复古又时尚。据咖啡馆工作人员介绍，这是以前工厂废弃的火车，承载蒸汽时代工业文明记忆的绿皮火车经过改造布置，为游客提供了可以喝着咖啡打卡拍照的场所。

文化，是一座城市的独特印记，更是一座城市的根与魂。这种独特气质，体现在文化创意产业上，就变成了多元、活力、开放、繁荣的场景。作为国家重要的高新技术和现代产业基地，早在2006年，成都就将数字娱乐产业规划为地方支柱产业。由此，成都的数字文创产业得以领先于大多数城市，开始萌芽。经过十来年的谋篇布局，成都文创产业不断进阶发展。2021年，成都对文创产业的扶持力度再度加码。2021年2月，《成都市国民经济和社会发展第十四个五年规划和二〇三五年远景目标纲要》提出，大力发展现代时尚、传媒影视、动漫游戏等文创重点领域，实现数字文创跨越发展。

一　文创之于城市活力，是天然直观的风貌呈现

成都作为中国历史上最悠久的古城之一，拥有丰厚的历史文化，也是中华文明发源地之一。于成都人而言，文创就是生活场景。昔日成都，草堂、武侯祠、文翁石室、都江堰、交子、雕版印刷……历史上的创新活成了经典；当下成都，文创领域的一桩桩创新，正在以非凡的活力，创造并

打磨着未来的经典。

每到节假日，成都市民吴佳都会带着11岁的儿子来到方所。“我平时经常在网上给娃娃买书，趁着假期，带他来书店自己选。”吴佳说，平时总有各种各样的事，即使想读书，也很难有完整的时间，因此也想趁着假期给自己“充充电”，“好几本书看了开头，却很长时间也读不完，这几天计划腾出些时间，在书本里放飞自我。”开在繁华商圈的方所，颇有一种闹中取静、大隐于市的感觉，走进书店，大家自觉放缓步履、轻声交谈，选上一本喜爱的书，安静翻阅。

于成都人而言，文创就是生活场景。漫步成都街头，充耳可闻的是街头艺人的歌声，四处可见的是公园绿道里的雕塑。在成都音乐厅欣赏一场高水平音乐会，在四川大剧院观看赏心悦目的舞台剧，去钟书阁体验书店的时尚酷炫。向北，凤凰山露天音乐广场上演的重金属，激动了年轻的心；新都音乐小镇的浅唱低吟，打发了一杯时光。向南，《王者荣耀》手游、《哪吒》动漫电影等现象级文创产品，演绎着成都文创的活力与荣光。目前成都市博物馆数量达159家，其中非国有博物馆110家；实体书店和阅读空间超过3600家，居中国第一。逛博物馆、泡书店，成为成都人闲暇时的绝佳选择。

英国城市专家查尔斯·兰德利说，经典在它诞生之时，都是一种创新。昔日成都，草堂、武侯祠、文翁石室、都江堰、交子、雕版印刷……历史上的创新活成了经典；当下成都，文创领域的一桩桩创新，正在以非凡的活力，创造并打磨着未来的经典。

眼下，“新文创”成为竞相角逐的风口。2014年，方所进驻成都，其高颜值的外表，展览、文创、咖啡等文化空间的集合，一举打破人们对书店的刻板印象，也让该店自开业以来就受到各方瞩目。落户成都第六年，方所已成为成都的一张文化名片。像方所一样，越来越多的成都书店采用复合式运营，店内文化策展空间、文创产品空间、阶梯演讲区、儿童专属区域、书店音乐会等极大地丰富了书店形态，也让成都的生活美学在书店中显现，让人不只是逛书店，更愿意泡书店。

数据显示，在成都最受关注的电影、音乐、互联网、表演以及图书等文创领域受到全国过亿人的关注。"书店第二城""时尚第三城""电影第五城""文创第三城"……这些业界不吝给予的名号，构成实力矩阵，亦是成都文创活力所在。尤其是"新文创"领域，2019年发布的《2018中国城市新文创活力排行》中，成都在100座样本城市中斩获头名，产业活力、人才活力、政策活力、传播活力四个维度均列第一。

场景观察员：

比排名数字更直观的，是如今已为市民所熟悉的成都音乐坊、凤凰山露天音乐广场、天府大剧院、成都博物馆等一大批文化地标场景，在此期间建成开放。夜游锦江、新年音乐会、蓉城之秋、天府文创大集市等品牌活动，成为市民生活的一部分。目前，成都已形成红星路文化创意集聚区、少城国际文创硅谷集聚区、人民南路文创金融集聚区、东郊文化创意集聚区、安仁文创文博集聚区五大文创园区，文创产业得以集群式发展。而即将成立的成都市文化产业发展促进中心，立足未来五年的数字文创腾飞计划，将助成都文创迈向更高的发展平台。文创兴，城市活——这是成都作答的一道证明题。

二　文创之于城市动力，是水到渠成的产业转化

活力是良好的土壤，当文创活力转化为产业实力，方能为城市发展积聚动能，这也是文创活力的必然归宿。一方面，文化创意产业是为城市提供动力澎湃的新引擎，直接创造新的经济增长点。另一方面，它通过"文化+"推动传统产业转型、促进产业结构调整、高新技术落地转化。它的魔力能将传统转化为当下，指向未来。

2019年，一部"成都造"动画电影登陆全国各大院线，这个画着烟熏妆的小英雄哪吒用新编的故事再度演绎"我命由我不由天"的经典桥段（见

图 4-2 “成都造”国漫电影《哪吒之魔童降世》海报

图 4-2），一时间收获了无数粉丝，一再刷新国产动画电影的票房纪录。而制作这部动画电影的企业——可可豆动画影视有限公司就扎根成都。

于成都人而言，文创也是工作场景。活力是良好的土壤，当文创活力转化为产业实力，方能为城市发展积聚动能。这也是文创活力的必然归宿。创业之初，可可豆动画影视有限公司总裁、电影《哪吒之魔童降世》制片人刘文章也有很多来自北上广的邀请，但是他和导演饺子一致认为成都的场景更加适合动画创作，“像我们这种需要潜心创作的团队，在成都生活不会有太大的压力，环境比较重要。再就是成都的文化底蕴，在这里接触到的所有东西，都会潜移默化地感染你，会让你能够有一种发自内心的自信”。

这是一个年轻的团队，不仅仅在于工作室的平均年龄很小，还在于它给了很多新人锻炼自己的机会。几位“90 后”主创表示，他们非常喜欢成都，成都有着舒适的创作环境。因为喜欢成都，影片中还融入了成都文化元素。片中的两只青铜结界兽的造型和设计，参考的是成都金沙遗址出土的黄金面具和三星堆青铜像造型。说着一口“川普”的太乙真人成为影片一大亮点。

可可豆所在的高新区的瞪羚谷天府长岛一期已有多家企业入驻。腾讯新文创总部项目总投资 50 亿元，也选址于此，将重点发展游戏、电竞、动漫、视频、文旅等新文创业务。“虽然发展的方向不同，但是在文创产业的发展中，我们找到了新的合作点。”据腾讯成都分公司总经理林夏介绍，以前王者荣耀的 CG 动画都是委托美国公司制作，现在通过交给成都本土的可可豆动画制作，一套高品质的 CG 可以直接在成都诞生。“随着市场的认同，我们把古蜀文化、三国文化融入游戏，让越来越多的人在游戏中感受天府文化。在为企业带来收益的同时也带动了游戏周边生产制造、游戏动画制作等产业的发展。"

"通过数字文创企业聚落的打造，把与产业发展相关要素人才、技术、资金、市场以及其他服务聚集在这个平台上，提供机会让企业相互链接、相互碰撞、合作发展。"天府长岛的负责人介绍说，数字文创企业的抱团发展除了文化创意等软性资源，还需要科技这样的硬手段。

一方面，文化创意产业是为城市提供动力澎湃的新引擎，直接创造新的经济增长点。另一方面，它通过"文化+"推动传统产业转型、促进产业结构调整、高新技术落地转化。它的魔力能将传统转化为当下，指向未来。

场景观察员：

成都于2017年发布《西部文创中心建设行动计划》，明确将通过5年努力，成为全国文创产业发展标杆城市、具有强劲竞争力的国际创意城市。先行第一步，是2022年实现文创产业增加值2600亿元，占GDP比重达12%。文化软实力进入全国第一方阵。目标既定，只管风雨兼程。2017年以来，成都建设西部文创中心的脚步，片刻未曾停歇。2020年在新冠肺炎疫情影响之下，成都文创产业增加值仍达1856亿元，增速23.7%，占全市GDP比重首次超过10%。2021年第一季度，文创产业增加值达到496亿元，增长26%。相比2016年，4年间，文创产业增加值由633.6亿元增至1856亿元，增长292%，是全市增长最快的产业。GDP占比从5.2%提升至10.2%，已成为名副其实的支柱产业。

三　文创之于城市能级，是特质鲜明的城市名片

活力是良好的土壤，只有文创活力转化为产业实力，方能为城市发展积聚动能。综观世界城市，无不具有鲜明独特的文化特质。成都要冲刺世界城市，必须树立对标意识，以鲜明的城市特色，在世界城市体系中占据

一席之地。

成都文创 DNA，至少可追溯到古蜀文明时代，金沙遗址、太阳神鸟金箔等，足以表达“老成都人”的创新创造意识。城市的过去、现在和未来一脉相承。于成都而言，文创已成为这座城市特色鲜明的城市名片。

如果来成都旅游，你会带走怎样的礼物？在“第十三届中国（成都）礼品及家居用品展览会暨 2021 文创旅游商品展”上，三国文化、金沙文化、宽窄巷、青城山、熊猫、蜀绣等都是成都文化的缩影，也是设计师的灵感源泉。尤其是受三星堆遗址新一轮考古重要发现的影响，三星堆、金沙遗址元素的文创作品不断涌现。比如“三星堆花蕾鸟快客杯”就将三星堆神树、神鸟文物中的多重元素与结构进行再设计，以神鸟为把手，底座则是太阳形态的纹样，杯身则是神树纹样设计而成。“整个造型将古蜀文明体现得淋漓尽致，令人惊叹！”在现场观展的市民刘先生连连发出感叹。

于成都人而言，文创也是鲜明的城市场景。综观世界城市，无不具有鲜明独特的文化特质。几千年来，成都既传承着灿烂辉煌、弦歌不辍的巴蜀文脉，又书写出丰富多彩、独具魅力的天府文化。成都要冲刺世界城市，必须树立对标意识，“站在月球看地球，站在珠峰看成都”，以鲜明的城市特色，在世界城市体系中占据一席之地。

2016 年国务院批复实施《成渝城市群发展规划》，以及 2017 年召开的成都市委第十三次党代会，确定了成都建设具有“五中心一枢纽”功能的国家中心城市的任务。其中，建成西部文创中心，是国家意志、城市使命、城市优势的综合体现。2017 年 8 月，四川省委常委、成都市委书记范锐平带队赴香港，举办推介成都建设国家西部文创中心专场活动，以天府文化为通道，打开一条与世界对话交流之路。

成都创意设计周经过 7 年的培育，已成为成都产业融合发展、文化价值向经济价值转化的重要品牌场景，彰显了天府文化和时尚生活美学的时代魅力。前七届创意设计周累计吸引 60 余个国家和地区 10000 余家企业参与，展示作品约 17 万件，评选作品 2 万余件，促成交易金额达 422.21 亿元。（见图 4-3、图 4-4）

图 4-3 第七届成都创意设计周吸引大量市民观展

图 4-4 成都创意设计周嘉宾云集

欧洲知名的设计学院马兰戈尼学院希望与成都开展时尚教育方面的合作；荷兰的创意产业发展平台“创意荷兰”在成都设立推广代表处，希望能高效对接成都与荷兰机构开展合作……据统计，2020 年上半年，成都文创产业增加值达 1231.98 亿元，占 GDP 比重为 8.58%，同比增幅 17.4%，对于全球的创意设计领域来说，成都正在成为一块新的发展热土。联合国教科文组织国际创意与可持续发展中心研究部总监郎朗在本届创意周上说，创意产业无法突飞猛进地“跨越式”发展，它需要历史的积淀、文化的涵养和宽松的环境，“成都在这些方面非常优秀”。自 2014 年举办以来，成都创意设计周持续打造文创产业高端价值链，推动成都文创产业高质量发展，创意周的长效平台效应正在凸显。

文创助力世界文化名城建设，让成都在世界城市的星空中，闪耀出更加瑰丽明亮的光芒。

场景观察员：

成都文创产业助力城市能级的提升，已经结出果实。目前，成都已授牌加入“世界文化名城论坛成员城市”，成为中国内地第三个加入世界文化名城论坛的城市。成都还加入了联合国教科文组织创意城市网络，而加入该网络的城市具有一个共性，即联合国教科文组织总干事奥德蕾·阿祖莱所说“以各自的方式使文化成为其发展战略的支柱”。

第二节

世界旅游名城：新场景新玩法释放文旅发展潜力

旅游让人们开阔眼界，带来全新的体验和感受，是一项幸福产业。旅游业还是一项综合性强、关联度高、拉动作用明显的行业，它可以促进城市经济发展，推进文化交流与传播，扩大城市知名度和美誉度。成都正营造全域化体验式文旅消费场景，以形成全域旅游格局为目标，持续打造文旅新场景新业态，依托街区、社区、绿道推出 100 个彰显文化之韵、富含烟火之气的“最成都·生活美学新场景”，美化城市空间，优化城市形态，提升城市旅游吸引力。

明月村，理想村。从 2015 年开始，来自成都、北京、上海、深圳等地的海归建筑设计师、陶艺家、作家、服装设计师等新村民怀着寻找诗和远方的梦想来到这里，有的建窑烧陶，有的染布制衣，有的建民宿酿酒……在明月村的竹林里、茶园中、松林下，日出而作，低吟浅唱，把日子过成了诗。这种令人向往的生活方式和优美的环境、浓厚的人文，吸引大量的游客慕名而来。数据显示，2020 年该村接待游客 23 万人次，乡村休闲旅游收入达到 3300 万元，带动全村人均可支配收入达 2.7 万元。成都正在涌现越来越多这样的生活美学新场景。

“我昨天刚到成都，今天第一时间就来看熊猫了。”盛夏的一天，笔者在成都大熊猫繁育基地遇见南非小伙儿爱德华。第一次到中国的他，在咨询朋友后，决定第一站在成都待 5 天。事实上，在这个可以近距离接触熊猫的场景，外国人比例远远高于成都大部分景区。熊猫憨态可掬的形象，在全世界都已深入人心。这里也是 G20 财长与央行行长会议、联合国世界旅游组织大会等世界各地嘉宾在会后参观的首选地。

大熊猫的魅力，让人交口称赞。然而要成为一座世界旅游名城，成都需要提供的远不止几个标志性的景区。这个致力于将自身打造成世界旅游名城的西南城市，正通过场景构建，吸引来自世界各地的游客。

2017 年，成都入选美国《国家地理旅游者》2017 年度 21 个必去的旅游目的地之一；后被 CNN 选为 2017 年全球首选的 17 个目的地之一，且两个榜单中成都都是唯一入选的中国目的地；据在万事达发布的 2017 年全球 20 个增长最具活力旅游目的地榜单国际入境过夜游客数量增长排名中，成都位列第二名。

一 古镇里的“活”场景

大众旅游时代，游客需求日益多样化，对景区品质提出了更高的要求。作为承载巨大旅游人气的城市容器，光靠传统的发展模式和商业配比已经无法满足当下的诉求。近年来，以古镇为代表的成都多家传统景区在“新场景”上下功夫：推出新玩法、提供新服务、带来新体验，满足游客个性化需求，打造出具有影响力和吸引力的旅游产品。

生活在民国时期的一座院落中，和你同行的人亦敌亦友，再普通的家丁也可能兼有两重身份。而你肩负重任，一举一动都会影响整个故事的走向。就在这一触即发的紧张感里，还有一个乱世爱情故事正在上演……这样的场景不是电视剧，也不是谍战大片，而是安仁古镇里的全新玩法：IP沉浸式戏剧游戏——《今时今日安仁·乐境印象》。

“这种沉浸式体验感正是我想要的！”穿着民国风粉色旗袍的成都市民陈曦兴奋地说道，以往提到安仁古镇，大家可能会想起实景体验剧《今时今日安仁》。这次推出的全新游戏让游客不再止步于观赏，更能亲身参与到故事中来。“我深深地融入了剧情中，既是观众又是玩家。整个古镇好像都活起来哩。”

大众旅游时代，游客需求日益多样化，对景区品质提出了更高的要求。作为承载巨大旅游人气的城市容器，光靠传统的发展模式和商业配比已经无法满足当下的诉求。近年来，成都多家传统景区在“新场景”上下功夫：推出新玩法、提供新服务、带来新体验，满足游客个性化需求，打造出具有影响力和吸引力的旅游产品。

谈到古镇活化利用，安仁古镇（见图 4–5）民国风情体验区的老公馆活化利用尤为突出。这个体验区包括树人街、裕民街、红星街三条老街，老街上共有 14 座各具特色的公馆建筑，构成了一幅生动的民国川西古镇

图 4–5　安仁古镇

风情画卷。

安仁古镇因其保存完好的民国时期老公馆建筑群，得到众多影视剧的青睐，成为《伪装者》《一双绣花鞋》等电视剧的取景地。而在《乐境印象》中，除了"剧本杀"的常规"打开方式"，最特别的就是游戏以安仁古镇 12000 平方米的优美民国古建筑群为基础，运用了公馆内部的多个小微博物馆，打造出了 20 世纪 30 年代真实的生活场景。

如今，这里大到衣柜门窗、唱片陈列室，小到杯子钥匙等配件，从场景布置到 NPC（非玩家角色）们的一言一行，所有的一切都是为了让玩家从内而外真正"入戏"，体验人物悲欢，尽情享受游戏，这才是真正意义上的"沉浸式"。陈曦告诉笔者，除了场景设置，游戏还设置了商会会长选举、社交舞会、夜市、拍卖等多个环节，力图还原 20 世纪 30 年代的生活方式，加强玩家与 NPC 之间的高效互动，给玩家新奇的游戏体验，可谓"想不入戏都难"。

新场景娱乐的三个特征包括"两栖动物""双线场景""折叠商业"。新青年有其自身特征，消费能力强，花一代人甚至几代人的钱，生来便生活在网络世界里，是网络与现实生活的"两栖动物"，虽然很傲娇，但可以为喜欢的事奉献所有力量。他们生活在"线上线下"双线场景下。他们在线下的打卡是为了实现线上的社交。（见图 4–6）

图 4–6　安仁古镇吸引了众多市民举家出游

场景观察员：

《今时今日安仁·乐境印象》IP 沉浸式戏剧游戏便是针对“两栖动物”建立的新一代娱乐场景。在“双线场景”思维下构建，这种将现实和虚拟身份“连通”和“认证”的场景，线下商业的集合，线上价值的链接，商业空间多维折叠，构成了高效能的新商业场景。

二　过夜游的“新”场景

在安仁古镇深挖传统 IP 的同时，有的景区则通过游览时间塑造新的旅游场景。2020 年 8 月 11 日傍晚 6 时 30 分，成都拾野自然博物馆入口处，8 岁的乐乐背起背包，迫不及待地奔向前方。吸引他的，是一场“博物馆奇妙夜”。在博物馆里认识动物、和动物近距离接触、自己动手搭帐篷、和小伙伴一起“穿越到动物世界”……这样的夜宿博物馆活动，已经举办了上百场，也为拾野自然博物馆带来了 5% 以上的增收。

夜宿在博物馆里，到底是种怎样的奇妙体验？在拾野自然博物馆内，19 个孩子在生活老师的带领下，开启了这场历时 15 个小时的奇妙之旅。穿过一条神秘的“动物园”长廊，近距离观看来自世界各地的小动物：似猫又似豹的孟加拉豹猫、灵活调皮的白耳狨猴，小朋友欣喜不已。

“这是我第一次离开爸爸妈妈，和很多小朋友一起睡，感觉非常有趣！”正忙着和小伙伴搭帐篷的乐乐告诉笔者，对于晚上即将到来的“探险”活动，有些害怕，也有些期待，“晚上，动物会不会跑出来啊？”

作为全国首家开在城市商业综合体里的自然博物馆，拾野自然博物馆开馆不到一年多的时间，就成了不少市民和外地游客来蓉的打卡地，尤其是其推出的“博物馆奇妙夜”活动，每次产品上线不到两个小时，名额就被一抢而光。“开馆不到一年的时间里，已经开展了 100 多场活动，平均每周 2—3 场，一般都是在周末或者节假日。”馆长李爱民告诉笔者，在进入暑假后，博物馆就迎来了高峰期，每月会有 5—6 场“博物馆奇妙夜”活动，但依旧是刚上线就被“秒光”的状态。

如果说，“到此一游”是成都景区场景 1.0 形态的代表，那么随着融合了艺术、文创、文博、赛事等夜游新兴业态的出现，以及更具“国际范、蜀都味”的多元消费新场景的营造，成都不断“解锁”的博物馆夜宿、24 小时书店、景区延时夜游等旅游新模式，也将在夜间经济这一城市竞争新赛道中，迈进 2.0 时代。

在 339 米熊猫天府塔的霓虹灯下，一场场潮流派对、朋友聚会以及主题音乐活动，将这里打造成了更加时尚潮流的年轻人聚集地。与拾野自然博物馆近在咫尺的天府熊猫塔，是成都热门旅游打卡地。

“目前我们这里晚上和白天的人流比已经达到 8∶2，夜消费的特点非常突出。”据成都三三九资产管理有限公司相关负责人介绍，“成都味道 · 339 时尚夜消费”作为锦江夜消费成华段的重点点位，以文化产业和体验式消费为重点，融酒吧餐饮、文娱活动、国际购物于一体。目前，“成都味道 ·339 时尚夜消费”项目已基本完成业态调整，其中定期举办的“活水市集”特色创意活动，则为传统文化手工艺人提供了就业机会，也开创了全新的商业市集模式。

“成都过夜游迎来了爆发，跟成都不断涌现的新旅游产品不无关系。”成都旅行社协会执行会长陈鸿表示，根据前期行业调查，成都的旅游从业者有 100 多万人，年轻的旅游“小老板”们利用圈层经济，创造了许多让人意外的旅游场景，小众、精致却有市场。成都正大力实施“旅游 +”发展战略，将夜间旅游与文化、体育、商业等深度融合，推出绿道夜跑、夜间创意集市等，让夜间消费业态逐步形成吸引游客的旅游产品。

场景观察员：

作为第一批国家文化消费试点城市之一，成都紧扣建设世界文化名城和国际消费中心城市战略，顺应文化和旅游消费提质转型升级新趋势，从供需两端发力，勇于改革创新、积极先行先试，经过近几年的探索、实践，逐渐形成了“以‘三城三都’为引导，以满足游客和市民日益增长的需求为导向，以夜间经济、周末经济和新经济为引擎，以多极多点文化消费活动为支撑，以‘文化旅游+’和‘文化旅游融合+’为核心”的成都文旅消费模式。

三　乡村民宿里的“繁”场景

游客更讲究住宿之外的体验延伸，不管是椒兰山房，还是途远驿站，都不是单个的民宿房间，而是一个集群，实现了民宿即目的地，可以满足蔬果采摘、民俗风光、采风写生、手工制作、诗意栖居、品尝生态野味等多样化的游客需求。不同类型、不同主题的民宿场景正在崛起成为一种新的发展趋势。

“实在抱歉，我们的民宿全部满房了。”2021年端午小长假第一天，成都椒兰山房民宿综合体的负责人杨婉龄不断向前来咨询预订的游客做出解释，“端午节的预订从一个月前就开始了，特别是假期前两天的，早早就满房了，现在的预订订单已经排到了7月底。”

伴随着2021年上半年最后一个小长假拉开序幕，长线游降温明显，游客出行半径的收窄，甚至催生出一种新的出游模式——“民宿式度假”。当然，这样的度假方式并不是来住一晚民宿而已，而是以民宿为中心进行2—3天的深度体验，那些以满足蔬果采摘、民俗风光、采风写生、手工制作、诗意栖居、品尝生态野味的主题体验型民宿正在成为年轻消费群体度假的首选。当民宿成为目的地，每晚300—3000元不等，毫不输于市区酒店的价格却依旧“一房难求”。

事实上，成都旅游与乡村振兴的关系由来已久。自 1986 年，在成都市郫都区徐家大院，诞生了中国第一家农家乐，由此，以农家乐为代表的乡村旅游在成都快速崛起，并引领带动了全国乡村旅游的发展与延伸。如今，伴随着消费升级，民宿 IP 集群场景兴起已然成为成都旅游带动乡村振兴的最新突破点。

作为 2021 年的新晋“网红”民宿群落，郫都东林村途远驿站在端午假期也是“一房难求”，负责运营的途远趣悠悠事业部总经理吴璐倩告诉笔者，这个 2021 年 3 月才开业的民宿群，周末几乎全部满房，而乡村多元消费新场景是吸引越来越多游客的关键因素。

“途远驿站坐落在袁隆平国际杂交水稻种业硅谷，壮观的田园风光，川西林盘的人文风情，很受年轻消费者的青睐。”吴璐倩说，更为重要的是，通过东林艺术村生态农业资源与途远“两途一趣”模式的对接，植入了更多旅游消费场景，人们来此可以逛田间文创集市、体验非遗林盘里的说唱、盆景和蜀绣，体验农耕趣味，与家人朋友择一处民宿院落享受乡村田园时光。

“无论是城市微度假、近郊游，还是更多个性化的非标住宿选择，都不断为民宿的供给侧提供动力。”小猪民宿负责人表示，“民宿 +”让民宿逐渐有了更广阔的增长空间，在这样的趋势下，民宿更要在年轻化、个性化、差异化、高颜值的消费需求下，提供不同的生活方式。

这一观点从另一个侧面说明了“网红”民宿产品的火爆缘由。消费者“更讲究住宿之外的体验延伸”，不管是椒兰山房，还是途远驿站，都不是单个的民宿房间，而是一个集群，实现了民宿即目的地，可以满足蔬果采摘、民俗风光、采风写生、手工制作、诗意栖居、品尝生态野味等多样化的游客需求。不同类型、不同主题的民宿 IP 集群正在崛起成为一种新的发展趋势。

更重要的是，当民宿成为旅游目的地，很多地方则以民宿为“起点”，从中探索文旅带动乡村振兴之路。椒兰山房项目的引入打造，正在发挥着乡村振兴的“种子”作用。笔者了解到，通过这个项目的引领带动，其所在的郭山村人均收入已从 2018 年的 15800 元上升到 2020 年的 21800 元，并于 2020 年 3 月创下了 3A 级旅游景区，同时被评为成都市第四批“新旅游·潮成都”主题旅游目的地。“通过体验活动的研发和研学课程开发，我们正在探索拓展当地产业的多种文创经济价值。”杨婉龄对此信心满满。（见图 4–7）

图 4–7　民宿点亮乡村

场景观察员：

随着城市休闲旅游度假需求的外溢，以及文旅新消费等市场推动，乡村旅游无疑成为乡村振兴的重要场景之一。而民宿正成为打开乡村振兴的那扇门。成都提出鼓励以生态建设营造景观，以招引企业集聚资源，以产业融合实现增值，在乡村形成特色镇（村）、川西林盘、新型社区、精品民宿互为支撑的旅游目的地和消费场景、生活空间、商业形态。

第三节

世界赛事名城：动起来的城市新场景

对成都而言，建设世界赛事名城，根本目的是更好地满足人民群众美好生活的需要。为此，成都正实施消费新场景打造行动，大力创新体育消费产品业态。具体而言，成都要创新发展体育时尚消费、创新推动体育赛事消费、创新推进绿道体育消费、创新发展体育融合消费、创新发展体育数字消费。

2021年4月，FITURE在春季发布会上宣告了公司完成3亿美元B轮融资的消息。这标志着FITURE，这家成立于2019年的公司，不仅是最快达成独角兽规模的智能健身企业，更是全球运动健身领域B轮融资数额最大的企业。此前，当我们提到成都的运动+智能硬件，可能更多人会想到咕咚。事实上，作为国内"互联网+"体育头部品牌，拥有1.8亿用户的咕咚早已是智能健身赛道里一张闪亮的成都名片。

举办重大国际赛事对一座城市意味着什么？在国际奥委会副主席、成都大运会专家咨询委员会主任于再清看来："对成都而言，办好大运会这场大型综合性国际运动会是考验，也是契机，为这座城市提供了各方面提档升级的好机会。"

自2019年7月14日国际大学生体育联合会主席奥列格·马迪钦在意大利那不勒斯将国际大体联会旗移交给成都起，这座城市就正式进入了"大运时间"。在一年多的时间里，成都以举办大运会为重要契机，坚持"谋赛就是谋城"，世界赛事名城面貌焕然一新。

于市民而言，最直接的场景变化就是公园里的体育设施增多了，每周体育运动的时间增加了；于产业而言，涌现出越来越多的体育经济新场景，体育产业迸发出强劲动能；于城市而言，国际赛事影响力显著增强，公园城市的品质与能级不断提升。正如国际大体联主席奥列格马迪钦所言："成都的发展理念是全球性的、国际化的，同时也是绿色的，这跟大运会的理念完全契合。"按照计划，2021 年 8 月，大运会将在成都正式举行（见图 4-8）。

图 4-8　成都在大运会比赛和训练场馆中组织惠民系列赛事

一　生活场景之变：体育运动新风尚

近年来，成都不断完善体育基础设施与公共服务场景，令参加体育运动、观看体育赛事成为这座城市居民周末休闲的新选择。从滑板、篮球这样的"陆上运动"再到皮划艇、桨板冲浪这样的水上运动，这座城市正迸发出新的运动活力。

2021 年 5 月 6 日 19：30，东安湖体育公园体操馆内"相约幸福成都"2021 年全国体操锦标赛暨东京奥运会选拔赛、第十四届全运会体操资格赛，进行到第三个比赛日男子个人全能赛。当晚的比赛看台上，有 3000 多名观众现场观看了这场比赛，感受新场馆以及体操运动的魅力。

叶虹、刘家国夫妻俩就在其中，观看比赛时他们十分激动，每当选手完成一个动作都会为选手鼓掌欢呼加油。"这样级别的赛事就在'家门口'举办，今天第一次到东安湖体育公园来观看比赛，我们是坐大巴统一过来的，赛事看完后也有司机专门送我们出去，组委会的安排非常贴心，这里的设施和环境也很漂亮，能够在家门口看到这么高规格的比赛，我非常地兴奋。"相比以往通过电视网络观赛的方式，叶虹直言，现场观赛的热烈氛围与亲身感受，可以说很震撼。

刘家国提到了场馆里让自己印象深刻的一句标语，"办好一次会，搞活一座城，期待随着各种规模、各种高级别体育赛事在成都举办，我们的城市越来越好"。

体育赛事带给成都市民的不只是现场观赛的震撼，更有亲身参与运动的热情。每当夜幕降临，位于桂溪生态公园里的本直球馆就开始人声鼎沸，前来打球的市民络绎不绝。自 2019 年开馆以来，这座拥有 3 块 5 人制篮球场地的球馆已成为桂溪生态公园里最具存在感的体育设施。如今，本直球馆已服务超过百万人次。"我们基本每个周末都会来打球，来晚了的话根本就抢不到位置。"家住高新区的上班族张东临表示，"以前，附近都没这样的场地。"

张东临告诉笔者："像是我爸妈就经常在我打球的时候，到生态公园附近骑自行车或者慢跑。"如今，桂溪生态公园对许多像小张家一样的成都家庭来说，不仅成为运动休闲的场所，更成了一个满足社交需求的好去处。

一直以来，成都周末生活给人的印象就是火锅、麻将、盖碗茶。最近几年，成都不断完善体育基础设施与公共服务，令参加体育运动、观看体育赛事成为这座城市居民周末休闲的新选择。从滑板、篮球这样的"陆上运动"再到皮划艇、桨板冲浪这样的"水上运动"，这座城市正迸发出新的运动活力。

不仅如此，还有越来越多的体育新场景与新项目不断植入天府绿道系统，包括网球学校、山地越野车、达根斯马术国际俱乐部等。作为天府绿道系统重要节点的桂溪生态公园（见图 4–9）成为周围居民新的运动中心和社交中心。

图 4-9　桂溪生态公园西区板式网球场

与此同时，天府绿道还积极引入各项赛事，为市民提供近距离参与体育赛事的机会。2019 年世警会期间，慢投垒球、山地自行车障碍赛项目在桂溪生态公园东西区举行，吸引了上万名观众。此外，锦城湖公园还举办了 2019 天府绿道 SUP 国际桨板公开赛，吸引到 300 余名中外桨板高手与爱好者参赛，让市民能够深入了解这项新潮的运动赛事。

如今，作为中国最具体育活力和体育人口最多的城市之一，仿佛成了一个天然的“露天运动场”，全市达成了 100% 的“两中心”覆盖率，社区“15 分钟健身圈”建设如火如荼，天府绿道上 1223 处体育设施“连线成片”，体育运动成为新的生活风尚。

场景观察员：

2020 年，通过延展市民健身阵地，成都市人均体育场地面积增加至 2.17 平方米。全年公共体育场馆免费（低收费）接纳体育锻炼 423.93 万人次。成都大型体育场馆设施水平跻身全国前列。此外，2020 年成都还精细组织各类全民健身活动 4500 余场次。成都正继续推动“体育 + 绿道”深度融合发展，打造更多自主 IP 品牌赛事活动，进一步倡导绿色健康的生活方式，让市民共享公园城市的独特魅力。

二 产业场景之变：体育经济新氛围

在营造浓郁体育经济氛围的同时，新一轮的信息技术革命也引领着这座城市的体育产业场景走向纵深。对城市而言，举办大型电竞赛事本身不一定挣钱，但可以为城市带来巨大曝光量和关注度，还有随之而来的人流、商流、信息流，集聚效益显现，直接刺激大量消费需求，间接拉动其他相关产业的发展，形成新的消费增长动力。

一个城市体育发展的历程，就是经由城市体育产业发展不断带动、推进城市更新的过程。对成都而言，"以赛谋城"，有序推进城市更新，发展体育经济，从而释放出巨大的产业动能。江滩公园便是其中的缩影之一。

位于成都世纪城片区和中和片区之间的江滩公园，在经过全面景观绿化改造、体育设施升级之后，从原来"人迹罕至"的河滨湿地华丽变身成为充满时尚和年轻元素的潮流地和成都发展体育经济的"新名片"。

如今，智能体育、皮划艇水上运动项目、西南最大碗池滑板运动场等多种体育新场景在此汇聚。滑板运动场旁的"全川最大沙滩 + 高品质无边界泳池"更是成为成都的新晋"网红打卡地"。

在完善体育产业布局，发展体育经济的过程中，成都突出点位特色，将城市体育空间由原来大规模集中改造，转向小规模、精细化、常态化有机更新，充分激活了城市的体育活力。

近年来，像江滩公园这样的体育消费新场景不断涌现，在营造浓郁体育经济氛围的同时，新一轮的信息技术革命也引领着这座城市的体育产业场景走向纵深。

近年来，多个世界顶级电子竞技赛事瞄准成都，WCG 中国区总决赛、英雄联盟全国高校挑战赛、全国电子竞技公开赛全国总决赛、王者荣耀职业联赛 KPL 等接连在成都举办。2020 年底，英雄联盟"2020LPL 全明星周末"在成都举行，掀起了全民电竞的狂欢。有人统计，如今每年在成都举行的各类大大小小电竞比赛数量达到400项左右。

大量的职业电竞俱乐部也落户成都，比如LPL的OMG战队、KPL的AG超玩会，成都还是《守望先锋》联赛中国区的四大主场之一，成都猎人队在此扎根。

《2019年中国电竞城市发展指数》显示，成都电竞城市发展指数排名全国第四，跻身一线电竞城市前列；办赛数量位列全国第二，仅次于上海；电竞俱乐部数量和电竞产业相关企业数量，也均位列全国前五。电子竞技作为新兴体育产业，逐渐成为成都这座“网红城市”的新名片。

与此同时，城市开始主动出击，展现出深耕电子竞技这条赛道的格局与野心。

《成都市人民政府办公厅关于推进“电竞+”产业发展的实施意见》全面推进“电竞+”产业发展，打造“电竞文化之都”，提出24条具体措施：从游戏研发、赛事活动落地、电竞场馆建设、自主IP打造、人才引进等多个维度给予丰厚的政策扶持和奖励，最高奖励可达2000万元。统计数据显示，2020年成都市新签约重大体育产业项目49个，签约金额498.74亿元。成都市成功入选全国首批国家体育消费试点城市，2020年体育产业总产值突破800亿元。

场景观察员：

在体育世界里，观赛带来的线下消费场景极为丰富，这是一座城市最渴望看到的，这也是城市积极吸引电竞战队、积极开辟主场的原因所在。举办大型电竞赛事本身不一定挣钱，但可以为城市带来巨大曝光量和关注度，还有随之而来的人流、商流、信息流，集聚效益显现，直接刺激大量消费需求，间接拉动其他相关产业的发展，形成新的消费增长动力。

三 城市场景之变：“以赛谋城”新理念

举办重大国际赛事给一座城市带来的影响不仅仅在于生活方式的转变和体育经济的勃发，它代表了一种全新的城市发展路径。如何通过大运会等一系列重大国际赛事进一步释放城市发展机遇，全面提升城市治理水平，促进经济更高质量发展，这正是成都“以赛谋城”，积极举办大运会等国际赛事的要义所在。

历来，举办全球性赛事是一座城市走向国际化的重要路径和场景之一。纵览全球，东京、巴黎、北京、上海等许多国际知名城市都举办过具有世界级影响力的体育赛事。2020 年 11 月 29 日清晨，进入初冬的成都天气寒冷，但丝毫阻挡不了一万名跑友的运动热情，大家从四面八方相聚在印证成都悠久历史和深厚文化底蕴的金沙遗址博物馆，这里便是 2020 成都马拉松的起点。随着发令枪的清脆一声响，1 万名来自全国各地的跑友一同起跑，纷纷向着个人最好成绩发起冲击。如今，成都马拉松成为中国首个世界马拉松大满贯候选赛事。

2017 年以来，成都承办了 50 多项国际体育赛事和 160 多项中国高级别体育赛事，打造出成都马拉松、“熊猫杯”国际青年足球锦标赛等一批自主赛事 IP，折射出近年来成都“以赛谋城”的城市发展新理念。要想跻身世界城市行列，大运会这样的国际赛事无疑是强力的“助推剂”，将极大地提升城市功能品质和国际影响力。

在 2019 年的全球赛事影响力和城市榜单上，成都挺进前 30 名。根据最新发布的 2020 年《中国城市海外影响力分析报告》，成都的海外影响力居于前五，其中国际体育赛事指数排名全国第二，仅次于北京。Sportcal 高级分析师科林·斯图尔特指出，成都正日益成为一个“国际赛场”，举办大型体育赛事的数量持续增加，大型赛事对城市带来的正向影响随时间的推移将逐渐扩大。

成都深知，举办重大国际赛事给成都带来的影响不仅仅在于生活方式的转变和体育经济的勃发，它代表了一种全新的城市发展路径。如何通过大运会等一系列重大国际赛事进一步释放城市发展机遇，全面提升城市治理水平，促进经济更高质量发展，这正是成都“以赛谋城”，积极举办大运会等国际赛事的要义所在。

以释放城市机遇为例，2020 年 11 月底，2020 世界赛事名城发展大会暨成都市体育产业大会首次对外发布“世界赛事名城建设机会清单”，共计 141 个项目。这在此前的城市发展过程中是十分罕见的。

以提升城市治理水平为例，2020 年上半年，成都大力开展“爱成都迎大运”共建共治共享七大行动，不断提升社区治理水平。在城市公共服务提升领域，成都推动 8 大类 18 项公共服务设施建设，完善赛事场馆周边微循环路网体系，同时营造运动健康生活场景，打造运动健身空间，优化基本公共服务清单。

两年来，成都成功举办世警会，相继拿到大运会、世运会等国际赛事举办权，折射出成都始终面向世界、面向未来，高点起步、全面动员，坚持“谋赛”与“谋城”相结合，高标准打造世界赛事名城，向全世界呈现一个彰显天府文化独特魅力的公园城市、休闲之都的城市发展路径。（见图 4–10）

图 4–10　建设世界赛事名城　成都体育的加速度

场景观察员：

爱德华·格莱泽的名著《城市的胜利》在封面上说："城市是人类最伟大的发明与最美好的希望。"现代"奥林匹克之父"顾拜旦在体育颂中吟唱：体育，生命的动力！当一个城市将体育放在更重要的位置，影响的绝非只是可感的产业、经济和生活场景。也必将塑造一个城市、市民的精神、境界和气质。体育涵养奋进精神，正在成都这片土地上被实践，在未来，也必将生发出滋养城市的永续力量。

第四节

国际美食之都：品味"舌尖上的成都"

民以食为天。成为首个被联合国教科文组织授予"美食之都"称号的亚洲城市，是成都坚持创意创新、大力发展美食文化产业的努力结果。"你来，就让你记住成都味道。"而记住的背后，则酝酿着成都打造"美食+"场景的决心。这一点，成都已然深谙其道：无论是从产业、生活、旅行、国际化、环保抑或是创意文化分析，美食已然成为成都一张闪亮的名片，让越来越多的人感受到这座城市浓厚的文化底蕴和魅力。

从树梢木屋吃到湖边水岸，夜晚的时候，无论是坐在船里还是岸边，看着水车轮转，湖光粼粼，能感受到火锅的另一番滋味。烟水之间，火锅里包容且自由的智慧格局尽在眼前。沸腾小镇聚焦火锅这一独特美食文化IP，创新融入音乐文创、山水园林、灯光夜景等沉浸式美食消费场景。

红油重彩的火锅、毛焦火辣的串串、皮薄馅儿嫩的龙抄手、软糯爽滑的红糖糍粑……夜幕中的成都卸下了白天的婉约与矜持，无论是嘈杂的街头大排档，还是气派的高档酒楼，都欣欣然开启了大快朵颐的饕餮模式。

来自西安的闫雪婷和朋友谈论美食时多次提到“成都火锅”。2021年初，她来成都旅游，而在品尝成都火锅后，闫雪婷便对此念念不忘。

想要管窥一个地区的经济活力与文化繁荣，“食”是切入场景之一。如果还停留在“够不够吃”的阶段，那地方必定是缺乏经济基础的。开始思考“好不好吃”“还有什么东西好吃”的问题，一定是衣食无忧、风调雨顺的消费社会才有的苦恼。在这样的地方，美食被赋予了更多属性，乃至承担起区域经济发展的支撑功能。

“美食”，是天府文化的关键词之一。“国际美食之都”成为成都打造“三城三都”的重要场景。早在2010年2月，成都就被联合国教科文组织授予“美食之都”称号，成为第一个获此殊荣的亚洲城市。而随着近年来成都加快打造国际美食之都，成都的生活场景、消费场景越发丰富多彩，国际化水平也日益提升。未来，作为国际美食之都的成都将以美食为主要抓手之一，加快营造生活消费场景，不断提升对外开放水平，助力打造世界文化名城的“金字招牌”。

一　融入文化创新美食：老字号里的新场景

文化，让美食充满人情；而创新，为产业注入永续动力。作为川菜的发源地和发展中心，成都已逐步成为全球最重要的美食中心之一。在历史上，成都就是富有创意和创新精神的美食城市。成都拥有中国和世界范围内的数十项第一，其中就包括中国最早的酿酒工厂、最早的茶文化中心、中国第一个菜系产业基地和第一个菜系博物馆。对于成都来说，“美食”就是创意的代名词。

祝元清是“钟水饺”（见图4-11）第四代传承人，后者是始于光绪十九年（1893）的成都特色小吃店，至今仍是最知名的四川老字号餐厅之一。不过，即使带有“老字号”光环，这些在消费者心目中已有一席之地的品牌，在面临消费升级和网红经济的双重挑战时，竞争力也在减弱。

如今，祝元清有了新的尝试：当美食节帮助本地餐饮在全域产生重要影响力时，"四川老字号"们抱团上线了网络餐饮平台，通过布局线上线下渠道触网新零售，在消费升级的浪潮中谋变。

图 4-11　外国游客体验制作钟水饺

与开店新手不同，经营多年的钟水饺目前已经在成都开设了近 10 家门店，较早实现了连锁化经营。一直以来，"四川老字号"们处于每日门庭若市的场面，不愁销售，不畏市场。但互联网与餐饮业的结合，正在改变上述局面。

线下，人们就餐前习惯打开手机软件，寻找网上最流行的餐厅；外卖则打破了餐饮格局：除了堂食，线上销售打破了门店面积的壁垒，极大扩展了商家的销售范围和数量。"早在 2018 年我就意识到，外卖对于我们老字号来说也是趋势。"祝元清说，每个老字号店都明白这个道理，但一些特殊的食品要想实现非堂食并不简单。以钟水饺为例，祝元清和团队研究了很长时间，最终决定更改调料的顺序，先把饺子裹上浓稠的底料，拌匀后再浇上红油。而来店里的顾客，则仍需要自己用筷子来拌调料。祝元清解释，"这个区别主要是考虑到外卖送餐途中，可能会让饺子和调料粘在一起，影响口感"。

文化，让美食充满人情；而创新，为产业注入永续动力。成都，自古即物产盛饶，人气兴盛，当下更成了现代人向往美食、休闲游玩之地。作为川菜的发源地和发展中心，成都已逐步成为全球最重要的美食中心之一。在历史上，成都就是富有创意和创新精神的美食城市。成都拥有中国和世界范围内的数十项第一，其中就包括中国最早的酿酒工厂、最早的茶文化中心、中国第一个菜系产业基地和第一个菜系博物馆。对于成都来说，“美食”就是创意的代名词。

与其他文化一样，美食文化也需要传承和创新。好吃的菜肴，制作的技法、工艺要传承，关于美食的故事、记忆也要传颂。而在吃上进行创新，成都也有很多生动鲜活的案例。“美食之都成都火锅文化月”第一次将文创理念贯穿始终：热辣的火锅翻滚，不仅满足了嘴巴，还满足了精神，这也就出现了冰球鹅肠、熊猫火锅底料等创新的菜品。

与此同时，宽窄巷子（见图 4–12）、锦里等突出川西地方文化和特色餐饮，太古里则在闹市区以低层特色建筑为载体，引入大量的国外时尚消费和美食品牌，体现了成都美食的包容和时尚气质，春熙路、文殊院则呈现了成都多元的地方特色小吃以及文化内涵……近年来，成都结合城市规划建设，依托现代商贸文化、旅游资源优势，不仅打造了一批各具特色的餐饮美食街（区）和餐饮集聚区，极大满足了外地游客的美食体验需要，更是以美食为媒，推动文化传承与创新的具体表现。

图 4–12　游客在宽窄巷子品尝成都小吃

场景观察员：

文化是城市的基因，是时代的印记，更是一种群体性的生活方式。还有什么文化需求比吃更广泛、更基础的呢？做好美食文化这篇大文章，满足吃货的多样需求，吃出品位，吃出实打实的获得感、幸福感。这样的城市，必然令人流连忘返，回味无穷。

二　成都美食“走出去”：打开成都经济全球化新场景

G20财长和央行行长会议、世航会、联合国世界旅游组织大会……在这些聚集众多国际友人的会议上，“成都美食展示体验活动”给前来参会的外国嘉宾带来“惊艳的成都味道”。在成都，一批批主题鲜明、文化浓郁、独具特色的新型美食消费场景，形成中外美食荟萃、多元饮食文化交流、多层次美味碰撞的发展新格局。

刚刚从英国留学回来的魏超对于火锅有着特别的情结。在英国学习期间，总会惦念着那口川菜、那顿火锅的味道，而随着成都美食“走出去”，异国他乡的他依然品尝到了家的“味道”。“我曾经带着国外的同学一起去吃火锅，他们也爱上了它，甚至有时候都是他们提议并且邀请我一起去吃。”魏超告诉记者，前些日子同学还特地来成都旅行，第一顿吃的就是火锅。

值得关注的是，G20财长和央行行长会议、世航会……在这些聚集众多国际友人的会议上，“成都美食展示体验活动”给前来参会的外国嘉宾带来“惊艳的成都味道”。无疑，将成都美食植入国际性的重大活动中，让更多的外国人感受到了唇齿留香的成都记忆，地道的川菜和陆续来蓉的各地菜肴也能充分满足人们对不同美食的需求。成都是川菜的发源地和发展中心，产业基础雄厚，比较优势突出，可以说，成都发展川菜产业，具有天时地利的先天条件。

成都美食的“曝光率”绝不仅如此。从美国前第一夫人米歇尔·奥巴马，到英国前首相戴维·卡梅伦，再到德国总理默克尔……在众多海外名人的成都行中，与成都美食的互动都是一项不可或缺的内容。无论是享誉国内的《舌尖上的中国》，还是名噪海外的CNN（美国有线电视新闻网）美食旅游纪录片，成都美食，都是不可绕过的话题。如今的川菜，不再只是成都人餐桌上的美味，椒麻鲜香的成都美食打开了成都经济全球化发展的新菜单，越来越多的成都本地餐饮企业“走出去”设立餐饮网点，开展境外川菜展示、品鉴等营销推广活动，积极开拓国外餐饮市场。

近年来，成都在打造国际美食之都的过程中，以川菜为媒介，全面拓展成都美食文化的国际交流空间，开放成都美食与国际美食双向交流的合作平台。从2016年开始，为加快川菜“走出去”步伐，四川在旧金山、洛杉矶、莫斯科、维也纳先后设立川菜海外推广中心。从美国西海岸、伏尔加河畔到世界“音乐之都”，川菜以独有的麻辣鲜香征服着世界各地食客的胃。

不仅设立海外推广中心，川菜企业各显神通，加快“走出去”步伐。海底捞、眉州东坡、川北凉粉等加快在全国各地布局；郫县豆瓣、白家粉丝、眉山泡菜等企业的国内市场占有率不断提升；老房子、大妙火锅、陈麻婆豆腐等企业在美国、葡萄牙、新加坡、日本等国开设川菜门店；小龙坎、大龙燚等四川火锅品牌拟进军美国等地，开拓国际市场。

2017年，与四川毫无关系的麦当劳“四川辣酱”，在美国引发了排队抢购；此番，眉山泡菜借国际标准出道，再一次为川菜原辅料出海蓄势。菇菇宴川菜、愚头记火锅创始人，成都餐饮企业联合会副会长，美食家寇元军表示，如今川菜“出海”的方式更多是“抱团”推广，“其实更讲究资源整合，很多事物都是相辅相成，多种元素缺一不可。酸甜苦辣，川菜的滋味也是生活的滋味”。对于豆瓣、花椒及各种调料蘸酱，也适宜融入川菜，而非“单枪匹马”拓展海外市场，“相互的抱团取暖、资源整合，可以让川菜走得更远”。

场景观察员：

早在2016年，成都市政府出台了《关于进一步加快成都市川菜产业发展的实施意见》，率先提出打造"全球川菜四大中心"的发展蓝图、率先在全国把菜系作为产业来抓、率先从促进全产业链发展的角度统筹谋划；提出了完善川菜标准体系、夯实川菜产业基础、打响做亮川菜品牌、提升"美食之都"品牌等8项具体任务及政策措施，提出用5年时间打造千亿元级产业，建设全球川菜标准的制定中心、原辅料生产集散中心、文化交流创新中心和人才培养输出中心的发展目标。

三 以"美食+"为路径：形成食品文化产业新形态

当你品味一座城市的美食时，就开始将目光投放到那片土地之上，成都亦希望通过餐饮美食产业发展塑造别样精彩的城市标识。通过美食与历史文化、设计创新、社会各域深度融合，成都正推动美食产业跨界融合，打造全球美食产业高地。

"我们这次带来了几十个品类的美食产品，希望让欧洲食客了解最地道的成都美食文化。"2018欧洲·成都美食文化节的现场，宽窄实业有限公司董事长袁龙军不仅带去始自汉唐时期的贡品——川麻之本汉源七星椒，还首次将川味之始、自带鲜味的自贡井盐带入欧洲，真正让最具成都代表特色的美食文化走入欧洲寻常百姓家。

扎根成都二十来年的时间里，袁龙军在多家知名食品公司里做设计师，先后参与设计过酒、茶和食品近三百种产品，创造了几百亿元的产品价值，其中不乏成都脍炙人口的美食产品。他还先后到美国、哥伦比亚、瑞典、捷克、日本等十几个国家传播成都美食、成都美食文创产品，他带领团队先后参与美国·旧金山成都美食节、欧洲·成都美食文化节等。"我们要让更多的人知道成都美食、带走成都美食。"

而这不仅是成都企业家的目标，更酝酿着成都美食向全球发展的决心。这一点，成都已然深谙其道：无论是从产业、生活、旅行、国际化、环保抑或是创意文化分析，美食已然成为成都一张闪亮的名片，让越来越多的人感受到这座城市浓厚的文化底蕴和魅力。而以“美食 +”为路径，美食产业已然成为满足人民对美好生活需要的重要部分。

“美食 +”的概念，是创新时代下食品行业发展的新业态，是文化型社会推动下催生的食品经济产业链新形态。通俗地说，“美食 +”就是“美食 + 各个其他行业”，即将美食与历史文化、设计创新、社会各域深度融合，形成更广泛的以美食为基础的食品文化产业新形态。

“成都在建设全面体现新发展理念的城市中能够取得丰硕成果，得益于其产业发展强劲、广阔腹地支撑及生活氛围舒适几大核心优势。”仲量联行成都分公司董事总经理谢凌曾表示，基于成都全球知名的时尚休闲和美食特色，同时，文化创意产业在成都蓬勃发展，在经济腹地市场、资源协作互补的高效支撑下，在创新引领全域产业提档升级、提质增效的驱动下，可以看到成都的核心优势愈加凸显，这将成为新一轮城市发展竞争中最为坚实的发展基础。

如今的成都美食，不再只是成都人餐桌上的美味，这椒麻鲜香的味道更打开了成都经济全球化发展的新菜单。陈麻婆豆腐、巴国布衣、成都狮子楼火锅、“老房子”等餐饮企业分别在美国、日本、葡萄牙等国家和地区开设分店……很显然，美食，从成都人的生活方式中升腾出浓郁的市井烟火气，经过千百年的传承发展，化作一座城市引以为傲的荣誉和底气。

场景观察员：

成都突出“品牌化、特色化、国际化”发展方向，培育美食国际品牌、打造美食消费场景、发展绿色美食产业、弘扬成都美食文化，打造全球美食产业高地。积极培育本土美食品牌，大力引进海外知名美食品牌，打造国际美食品牌聚集商圈。持续举办成都国际美食旅游节，建设一批主题鲜明、文化浓郁、独具特色的新型美食消费场景，形成中外美食荟萃、多元饮食文化交流、多层次美味碰撞的发展新格局。

第五节

国际"音乐之都"：奏响宜居城市的音符

在国际知名音乐城市，音乐既是一种艺术，也成为一种生活，提升了城市的文化品质、改变了市民的艺术气质。有音乐的地方，心灵有了归属，生活也会轻舞飞扬。在成都建设国际音乐之都的过程中，场景营造与载体建设是其中的关键词。随着城市音乐厅、四川大剧院、露天音乐公园等现代化演艺设施建成并投用，成都演艺设施数量将步入全国前列。白鹿钻石音乐厅、东来印象大剧院、露天音乐公园室内音乐厅等项目预计年内建成，金沙演艺综合体、成都中演华天艺术中心、大运会文化产业发展剧院、"一带一路"国际艺术中心等设施项目正加紧建设，不久，将有更多现代化演艺设施呈现，为音乐之都建设提供更多载体。

位于一环路南一段、新南路与锦江合围成的一片区域，便是成都市和武侯区重点打造的音乐产业项目——"成都音乐坊"，占地面积约 1.2 平方公里。音乐坊的建设目标是打造成"国际音乐之都核心区"和"国际音乐生态示范区"，目前已构建出由音乐专业人才、爱乐者、乐器销售培训以及泛音乐商业等形成的音乐生态基础。走进音乐坊片区，除了琳琅满目的乐器店和琴行，各类音乐文化体验与消费场景也随之形成：有露天舞台进行多元的音乐表演，有音乐人才谱写原创作品，音乐坊片区内还精选了 12 家乐器行，共同打造成乐器微博物馆，创新音乐消费和体验场景，增加音乐文化普及和分享的功能。

"听众希望我们回归。"2020 年 6 月的一个中午，成都街头艺人石嘉佳顶着阳光来到自己无比熟悉但又些许陌生的"舞台"。随着新冠肺炎疫情防控进入常态化，线下文化活动在"谨慎"中陆续恢复，成都街头表演于 5 月 29 日正式重启。

一切准备就绪后，她特意演唱了《成都》。"只有经历了疫情，才知道成都街头'烟火气息'的宝贵。重返街头感到很愉悦，幸福感爆棚。"优秀的街头表演是不可多得的城市名片。游客赵方华（化名）从西安来成都旅游，在宽窄巷子，他被石嘉佳的歌声吸引。"在成都，听成都人唱《成都》，似乎更有成都的味道。"

成都国际音乐之都的场景不只体现在街头艺人：想听偏向文艺摇滚的，可以去小酒馆这样做独立音乐的地方；想听流行歌手演唱可以去莲花府邸、音乐房子；想听民谣即兴弹唱的，可以到马丘比丘、潜水艇酒吧；想上台直接弹吉他、敲大鼓、玩乐队 JAM 的，可以去家吧；想更自由，玩儿得更疯，或者玩电子音乐的，有早上好、NU、SPACE 等。（见图 4–13）

图 4–13　城市音乐厅黑胶广场天生就是一个大型户外舞台，三五好友或席地而坐欣赏演出，或逛逛自己喜欢的小摊，好不自在

在中国，成都是一座真正的“爱乐之城”，音乐之都的场景随处可见：2018 年成都城市音乐厅也将建成于寸土寸金的一环路，共有 4 个演出厅，满足歌剧、音乐会和戏曲等不同需求。成都城市音乐厅建成后，包括一环路、科华路、锦江路合围形成了约 3 平方公里的音乐坊，这里将建造音乐艺术博物馆、音乐文化活动中心、创意集市、艺术主题酒店以及国际化的音乐特色街区。“东郊记忆园区”还将落户“肖邦音乐博物馆”，展示肖邦音乐和波兰文化。

2020 年，成都音乐产业产值达 501.71 亿元，较 2017 年增长 53.5%。收入只是一方面，更重要的是音乐产业为这座城市带来了审美水平的提升。每个晚上，都有各种演出登上这个城市的舞台。音乐成了生活的一部分，让城市富有韵律。不管你是古典音乐的发烧友，还是流行音乐的粉丝，每一个热爱音乐的人，都能在成都找到属于自己的乐章。

一 融入生活场景的音乐氛围

“锦城丝管日纷纷，半入江风半入云”，这是杜甫笔下的古代东方音乐之都，成都的音乐天分和文化气质有着悠久的历史和传承。音乐不仅是一种美学，更是融入了生活，成为成都人生活中不可或缺的一部分。在地铁，在公园，在小酒馆，人们喜欢用音乐来调剂生活。

人来人往的成都地铁省体育馆站，人们惊奇地发现靠墙的一个角落添置了一架钢琴。64 岁的徐桂芳是地铁站的保洁员，从小就喜欢乐器的她在好奇心驱使下掀开琴盖，不由自主地弹奏起来。一段旋律从她指间流出，吸引一些匆匆赶地铁的路人停下了脚步。

这架钢琴是在 2019 年 9 月的一天悄然现身地铁通道的。如今，徐桂芳常常“手痒”，一有空就要去弹几曲，尽管指法不太专业，她却乐在其中。“我弹得不好，但我很快乐！”徐桂芳说，只要这架公共钢琴在这里一天，她就会一直弹下去。徐桂芳弹琴的场景，已然成为地铁站的一道风景线，不少媒体也报道了这件事，称她为“钢琴奶奶”。

走出地铁，在锦江畔，在公园里，你会听到更多的乐声。春暖花开时节，锦江两岸桃红柳绿，口琴、笛子、二胡、小提琴、双簧管、萨克斯，各种乐器竞相出场，曲声悠扬婉转，把路人的心情渲染得跟春季一样轻快。秋高气爽，去人民公园、文化公园、百花潭转转，唱歌跳舞弹琴的人群无处不在，一派热闹欢腾，谁还会伤怀悲秋！（见图 4–14）

图 4–14　市民在锦江音乐公园跳舞健身

在成都，从小孩到老人，音乐常伴左右，音乐让他们精神愉悦、心绪开朗。前不久，家住成华区的杨重江发现每天都要路过的华林小学更名了，挂起了“四川交响乐团附属小学”的牌子。原来，成华区教育局与四川交响乐团签署了战略合作协议，将以该校为基地组建四川交响乐团附属青少年乐团，这也是西部第一所交响乐团附属小学。“小孩多接触音乐，可以陶冶情操！”杨重江很高兴地说道。

成都拥有四川音乐学院、四川大学等 10 余所音乐院校或设有音乐专业的院校，每年培养专业人才 3.5 万人；成都还有上百家业余音乐培训机构，不仅针对青少年，也为成年人开设兴趣班。

每周四晚上 7 点，在银行工作的樊女士准时前往南二环边的一个声乐培训点。教室布置得温馨怡人，一架白色的三角钢琴分外醒目，10 多位学员跟随琴声不停地重复声乐练习。学员们普遍年龄在 50 岁以上，有高校老师、机关干部、公司职员、个体经商者、退休人士等。当他们演唱一段段声乐名曲时，其发音吐气的专业程度让人惊讶。他们的老师来头可不小，是有着“中国高音王子”美誉的彭科伟先生。“我喜欢这里。彭老师教得很专业，学唱歌让我们心情好、身体好！”50 多岁的樊女士说起话来中气十足，笑靥暖人。

场景观察员：

在成都的街头，处处都有跳动的音符。无论是在繁华的春熙路，日新月异的天府大道，古香古色的宽窄巷子，文艺十足的玉林西路……这些普通的歌者或浅唱低吟，或深情弹唱，或热情高歌，在城市的各个角落自由生长，通过音乐讲述这座城市的魅力。

二　融入城市场景的音乐地标

成都，自古就是一座有着悠久音乐底蕴的城市。近年来，成都对音乐产业的推进，快速推动了成都音乐类演出市场发展。老成都们以前看演唱会都在省体育馆、成都市体育中心，看音乐剧、话剧到锦城艺术宫。城市音乐厅、成都演艺中心、凤凰山露天音乐公园……近年来，成都正在不断完善和修建崭新的艺术场馆，不仅为市民带来全新的音乐体验，也为成都建设国际音乐之都提供强有力的硬件支撑。

2019 年 10 月 28 日下午，在成都北郊的凤凰山露天音乐公园，金钟广场正式揭幕，高 7 米的巨型金钟奖徽标雕塑矗立。中国音协分党组书记韩新安说：“在金钟奖的历史上，成都是首个以纪念广场的形式来承载‘金钟文化’的城市。”

凤凰山露天音乐公园依凤凰山而建，坐落在成都大熊猫繁育研究基地南侧，也是天府绿道的“驿站”之一。整座公园被草坪绿树覆盖，深褐色的跑道穿梭其间。走进公园抬头一望，最引人注目的还是演出主舞台。它在音乐喷泉的掩映下，外形酷似昂头展开双翼即将腾飞的凤凰。“露天主舞台其实是双面，晴雨两用，最多可容纳超 4 万观众。”成都城投集团副总经理赵健说道。

起起伏伏的公园坡地上，坐落着 5 个不同主题的露天小剧场，它们自然地被地形和植被阻隔，形成了互不干扰的主题场景。比如为古琴民乐表演打造的“镜水琴台”；展现古蜀文明、以石为材的“石之剧场”；可举办“森林音乐会”的“森之剧场”，带音乐喷泉的“水之剧场”；附近有汽车营地、帐篷酒店、创意集市等多个主题活动区的“风之剧场”。赵健介绍，凤凰山露天音乐公园承载着演艺、公园、绿道节点三项功能，这种大型露天音乐公园在国内少有。如今每到周末，人流量上万已是常事。“除音乐汇演，未来将引入更多现代‘潮音乐’。”

成都音乐活动丰富多元，每年举办西部音乐节、国际熊猫音乐节、草莓音乐节、汽车音乐节等众多音乐节、音乐会，罗大佑、五月天、Jessie J、张学友等著名歌手纷纷来蓉举办个人演唱会，演艺票房长期位于全国前列，音乐文化氛围浓厚。这些高品质音乐演出背后是星罗棋布的音乐地标场景。

随着云端・天府音乐厅、成都城市音乐厅和成都露天音乐公园等一系列高规格音乐场馆相继建成并投用，成都有了引以为豪的世界一流音乐新地标。目前，成都已培育打造东郊记忆、成都音乐坊、白鹿、平乐等音乐园区（小镇），全市专业音乐场馆达 60 个，座位数 4.3 万个。白鹿钻石音乐厅、东来印象大剧院、露天音乐公园室内音乐厅等项目预计年内建成，金沙演艺综合体、成都中演华天艺术中心、大运会文化产业发展剧院、“一带一路”国际艺术中心等设施项目正加紧建设。

坐落在一环路南一段的成都城市音乐厅，目前是我国西部最大的音乐厅，在全国综合类剧院中规模排名第三。该音乐厅紧靠四川音乐学院，气派的外观、超大的容量和先进的设施令人惊叹。“不只是音乐，这里几乎能承载所有的舞台演出形式。”省政协委员、四川音乐家协会主席林戈尔认为，这是成都城市音乐厅最值得称道的一点，从经典音乐演奏会到流行音乐演唱会，从传统戏剧表演到实验话剧表演都可在此举行。林戈尔还表示，成都有众多的艺术院校、艺术院团、演艺文化公司，提供了非常多的创业机会，加上政府相关扶持政策的出炉，各行各业都支持音乐产业、音乐教育的发展，支持音乐人才的培养、音乐创客的孵化，音乐环境特别好，具有打造国际“音乐之都”的优势。

美丽的成都露天音乐公园地处城北凤凰山片区，是我国唯一一座以露天音乐广场为主题的地标性城市公园。公园主舞台观众区可容纳 4 万人，是全国最先进的专业露天音乐会举办地之一。公园内还打造了 5 个不同自然主题的露天小剧场——镜水琴台和石之剧场、森之剧场、风之剧场、水之剧场，以森林和坡地作为阻隔，互不干扰，各具特色。

此外，成都还发起成立了中国专业音乐院校原创音乐发展联盟，每年都有超过 47000 名音乐人才和超过 6000 名专业师资力量，会聚到成都音乐发展大局中。此外，成都每年都举办“蓉城之秋”成都国际音乐季、“金芙蓉”音乐比赛、成都音乐（演艺）设施设备博览会等，并与中央音乐学院、柴可夫斯基音乐学院、维也纳皇家交响乐团、维也纳童声合唱团等保持着长期友好合作。

场景观察员：

成都市将传承音乐历史文化，塑造音乐品牌，培育音乐人才，孵化原创音乐，繁荣音乐消费，壮大音乐企业，把城市音乐厅、音乐广场、演艺中心打造成世界性音乐地标，促进国内外优秀原创音乐汇聚在成都、生产在成都、发布在成都，努力成为具有世界影响力的现代音乐领军城市。

三　激发应用场景的音乐产业

近年来，成都聚焦“国际音乐之都”建设，成立了音乐产业发展机构，出台了相关扶持政策，建成了城市音乐厅、云端音乐厅、四川大剧院、露天音乐公园、金融城演艺中心等音乐演艺场馆。此外，成都还引进培育了音乐创作、数字音乐、音乐演艺等重点音乐企业1000余家，全市以四川音乐学院为代表的音乐艺术院校或设有音乐艺术专业的学院达13所。“十三五”期间，成都音乐产业年产值突破500亿元，年均增长17%。

5月17日，一场未来感十足的沉浸式音乐会在珠峰开演。当吴奇唱起5G推广曲《无限可能》时，观众不仅能在超高清镜头里欣赏到他在皑皑雪山前的倾情表演，还能任意选择直播角度，360度观赏珠峰风光。当晚的“珠峰之约”LIVESHOW，在珠峰云端舞台之外，还在成都和珠峰大本营打造了两大直播现场，通过5G高码率、低时延、大宽带实现了嘉宾跨域实时连线、异地同唱。

这场把舞台搬到珠峰的全球最高LIVESHOW由成都新经济企业咪咕音乐精心策划，借助5G和VR技术得以实现。而为了更好地助力企业在音乐这个大场景下找到突破口，2020年，咪咕音乐“5G+VR+AI云演艺直播新业态城市未来场景实验室”被评为成都市首批城市未来场景实验室。据了解，5G云演艺直播新业态实验室具备音乐+文创场景、云互动观演场景、全民直播场景和联合直播场景四大场景创新。

依托5G直播技术，咪咕音乐在国内首创孵化了5G云演艺互动体验，包括云观众、云包厢等多个创新功能。例如在一场线上直播中，线上观看用户加入“云观众”后，通过发送弹幕、赠送礼物等方式就可以争取“C位观众席”，有机会获得明星在线翻牌、云上合拍等多重互动福利。咪咕音乐以5G+AI技术优势打造的“超越现场”级别的观演体验，引领了线上演艺新玩法，让用户畅享全场景沉浸式体验。

目前，成都聚集了咪咕音乐、摩登天空、爱奇艺、酷狗音乐等知名企业；同时还拥有国家音乐产业基地东郊记忆和少城视井、城市音乐坊、梵木创艺区4个音乐园区，龙泉驿洛带、彭州白鹿、崇州街子、邛崃平乐、大邑安仁5个音乐小镇。2019年，成都音乐演艺票房突破5亿元，已成为众多音乐演艺品牌和项目的首选地。

成都发展音乐的软硬件优势，吸引中国音乐金钟奖落地，将在成都连续举办三届。在第十二届中国音乐金钟奖揭幕仪式上，省政协委员、成都市音乐家协会主席马薇兴奋地说：“中国音乐金钟奖落户成都，点燃了这座城市的音乐基因。爱音乐、爱成都，已成为成都音乐人和广大市民的普遍共识。”成都市音乐家协会倾情奉上的“乐·天府”专场音乐会，成为第十二届中国音乐金钟奖的重要配套活动之一。马薇表示，作为新当选的市音乐家协会主席，她将和新一届主席团成员、理事们一起，切实履行职责，为成都市音乐事业的蓬勃发展，为成都市打造国际音乐之都、建设世界文化名城，做出音乐工作者应有的贡献。

场景观察员：

成都发布的《成都市建设国际音乐之都三年行动计划（2018—2020年）》，提出建设以高品质音乐演艺为核心影响力的国际音乐之都，力争用三年时间，不断提升成都在高品质音乐演艺领域的国际知名度和影响力。早在2016年，成都市就出台了《关于支持音乐产业发展的意见》。三年来，成都共支持音乐项目100余个，总金额1.5亿元，还设立了规模100亿元的市级文创产业投资引导基金，为全市音乐产业发展提供金融支持。

第六节

国际会展之都：会客全球场景、链接世界资源

近年来，成都会展业发展实现规模数量型向质量效益型转变，国际会展巨头纷纷“抢滩”蓉城……这都得益于国际会展之都的加快建设。成都提出，用新经济业态打造会展产业价值链，构建集会展项目策划与运营、创意设计、智能制造、新型材料运用、绿色展台搭建、高端组展与服务、智慧化场馆、共享式仓储与物流以及大数据运用等展现会展经济新场景、新业态、新模式的全产业价值链体系，激发产业发展新动能。

作为会展“名馆”的西博城（见图 4–15），在助力成都乃至四川会展业“进阶”发展中，都扮演着核心驱动引擎的角色。当然，西博城也不负众望，受到了众多高能级会议，国际范儿展会的青睐，许多大咖都曾汇集

图 4–15　成都西博城

于此。此外，西博城智会云系统作为智慧会展“大脑”，应用人工智能、大数据等新技术，打造统一开放的智慧会展平台，为参展商、观众、媒体、会务公司、赞助商等提供一体化解决方案。

“May I have the time？（请问几点了？）”“8：50 AM”。克劳迪奥·斯特凡尼轻轻拉出手表表冠，旋转好时针，再把表冠按回。9月20日，中国西部国际博览城9号馆，距第十七届中国西部国际博览会开幕式暨第九届中国西部国际合作论坛开始还有一个多小时。趁着空当，这位连夜赴蓉的意大利企业SMH首席执行官把手表调至本地时间。

“调时间”的，不只这位意大利客人。会场外几乎同时进入“西博会时间”的，还有来自90余个国家和地区的约2万名境外嘉宾。和第一届西博会相比，这两个数字分别增长了约5倍和约145倍。这是西博会作为中国对外开放重要窗口的见证，也是西部历经40年改革开放，不断取得新的历史性成就的缩影。

会展是一座城市的名片，被誉为“触摸世界的窗口”和“产业发展的加速器”。在会展活动的场景下，强大的信息流、资金流、人流、物流都被源源不断地汇聚起来。

近年来，成都会展场景不断丰富：建成了天府国际会议中心、淮州国际会展中心、融创国际会议中心等会展场馆约20万平方米，投运高端会议型酒店39个。过去三年间，成都累计举办了第八次中日韩领导人会议、“一带一路”上合组织国家会展业圆桌会等重大展会2437场。在国际企业合作方面，6家国际领先知名会展企业来蓉落户。瑞士迈氏、英国英富曼和法国智奥在成都设立独立法人机构或区域总部。

一 “会”聚全球场景：从举办糖酒会到“牵手”世界会展巨头

从合作创新来看，成都市在过去的三年里累计举办第八次中日韩领导人会议、“一带一路”上合组织国家会展业圆桌会等重大展会2437场。

在国际组织合作中，成立了全球首个“ICCA国际会议研究及培训中心（CIMERT）”，举办首个国际会议业CEO峰会，首次发布国际会议目的地竞争力指数，呈现了构建国际会展新秩序，参与全球经济治理的成都会展表达。

站在展厅连接处休息的河南商家左佳灏，手里拿来一大堆名片资料。为了参加第104届全国糖酒商品交易会，4月6日与妈妈专门从河南开封坐动车赶来逛展。“我半年前开始做社区团购，来逛糖酒会主要是想了解目前市场行情，同时想通过展会找一些意向商品，上架自己的平台。”左佳灏说，上午仅逛了两个多小时，已经找到了螺蛳粉、酸梅汤、钙奶3种意向商品，这几天准备继续逛。

时隔两年，成都人熟悉的第104届全国糖酒商品交易会于2021年4月在成都中国西部国际博览城如期举办。谈到对本届糖酒会的印象，左佳灏说，“这是我见过最大的展会，不仅展区面积大，而且参展的商品也很丰富，对于我来说，可供选择的商品很多，看来以后要经常到成都来”。

从1987年至今，成都与全国糖酒会31次“牵手”，是举办次数最多的一座城市。可以毫不夸张地说，在34年里双方相互成就、共同成长，从沙湾会展中心到世纪城国际会展中心，再到中国西部国际博览城，糖酒会紧随成都城市发展步伐，规模越来越大，其发展轨迹也见证着成都会展业专业化、高端化的历程。

“1987年，全国糖酒会首次与成都‘牵手’；1994年，成都糖酒会率先突破百亿元成交额。”全国糖酒会组委会副主任于作江回忆道，1998年更是一个值得铭记的时间点，成都糖酒会最早执行“集中展区、集中布展、集中交易”；2009年，在成都糖酒会上首次设立国际葡萄酒及烈酒专馆；2019年全国糖酒会更是在成都度过了百届华诞。

2020年，在全球会展业受到新冠肺炎疫情的严重挑战，全球近九成展会延期或停办的背景下，全国糖酒会与成都市亲密合作，响应国家“创新会展服务模式、培育展览业发展新动能”的号召，以线上云展形式成功举办第102届全国糖酒会。其间，55场活动和139场多种形式的线上直播，仅7月28日全网曝光就达到了1.69亿次，客户访问量超过131万。"这不仅是糖酒会历史上的创举，更为未来全国糖酒会线上线下深度融合发展，开启了新的征程。"于作江感叹道，这不仅是糖酒会品牌化、国际化、专业化和信息化水平的不断提升，更是城市会展业数字化、智慧化转型发展。

34年来，糖酒会为一大批国内外知名企业来蓉投资发展、本地企业走向世界提供了舞台；为全球食品及酒类行业搭建了国际采购、资源对接、成果展示、信息沟通、思想交流的高端平台；更为成都市拉动市场消费、扩大对外开放、助推行业发展、提升城市影响力等方面发挥了重要作用。

第104届糖酒会上，2021年全球首个大型葡萄酒及烈酒专业展区，汇聚了900余家专业展商，展览总面积55000平方米。法国、西班牙、意大利、智利、德国、美国等均以国家展团形式参展。"中国市场对于我们来说非常重要。"法国驻华大使馆商务投资处农业、食品部参赞骆朗说，从2009年首次有国外展团参加糖酒会开始，每年的糖酒会上都有法国展团的身影。尤其是在当前的国际经济形势下，中国市场的许多餐厅、酒吧仍保持着开业的状态，蕴藏着巨大的消费潜力。为了吸引中国经销商，骆朗还专门在展团中设置了线上橱窗，并在糖酒会上发布了2021全年数字营销计划。"今年我们计划参加7项中国线下活动，推广法国的葡萄酒。"

此外，成都还成功举办财富全球论坛、世界华商大会、第二十二届世界航线发展大会、G20财长和央行行长大会、联合国世界旅游组织第二十二届全体大会等一批具有国际影响力的重大会展活动。

成都会展业的发展也吸引了世界的目光。英富曼、意大利展览、塔苏斯、万耀企龙、MCI迈氏、智奥6家国际领先知名会展企业相继落户成都；励展、博闻、法兰克福、英富曼、智奥、汉诺威、慕尼黑等全球会展业10强已经和成都开展了项目合作；国际会议、展览、综合运营三大公司MCI迈氏、英富曼、智奥还分别在成都设立独立法人机构或区域总部……

场景观察员：

截至2020年，成都举办重大国际展会活动不仅数量增加到208个，而且展会质量也逐步提升。这一期间，成都成功举办了众多国际性高端会议，比如世界华商大会、全球财富论坛、世界航线大会、联合国世界旅游组织大会、第八次中日韩领导人会议等。成都会展品质、规模和影响力持续提升，国际化发展步伐越走越稳，国际会展之都的影响力越发凸显。

二 “会”聚创新场景：从“办展会”到壮大“会展经济”

创新犹如永动机，为发展培育新动能。早在2019年12月，成都就出台了《关于促进会展产业新经济形态发展的实施意见》，加快会展产业与数字经济、智能经济、绿色经济、创意经济、流量经济、共享经济六大形态深度融合发展，形成会展产业转向“聚合共享，跨界融合”的新经济发展模式，建立全国首个“成都会展新经济产业创新基地”和“成都绿色会展经济创新中心”。

“你好，我是科技馆智能机器人小科，我能带你参观讲解、指路带路、回答展品知识，推荐参观路线，还能告诉你定时开放展品的信息喔……”近日，四川科技馆新上岗的“讲解员”吸引了一大批观众的围观和好评，成为四川科技馆布局智慧展馆、展现未来科技的一道亮丽风景线。

机器人“小科”是由猎户星空与合作伙伴成都弘信科技在服务机器人豹小秘基础上打造的面向智慧展馆场景解决方案的全新尝试。机器人内置游览路线和丰富的展馆信息，可以一边带游客参观，一边对有疑问的游客互动解答，机器人屏幕上还能同步展示视频或图片进行解说。

在智慧展馆建设成为全球趋势下，面对传统讲解质量参差不齐、强度大，尤其在节假日期间，展馆人力难以覆盖所有参观者的现状，如何推动讲解内容更加规范、全面、科学、有序，质量更加稳定？如何降本增效？怎么借助 AI 浪潮使一些在传统宣传手段下很难表达的展示内容，从视、听、触效果上给游客一个全新的体验？

在成都，越来越多的智慧场馆的应用场景为我们提供了新的破局思路。2020 年 3 月，成都首个“IES 智慧会展平台”正式上线，成都会展新经济发展路径从蓝图走向现实。成都会展突破空间界限，以“云逛展”“云会议”“云洽谈”“云交易”与线下展会互联互通，依托西博城等智慧场馆，2020 年共举办 81 个线上重大展会活动、27 个线上线下双线结合的重大展会。创新犹如永动机，为发展培育新动能。

早在 2019 年 12 月，成都就出台了《关于促进会展产业新经济形态发展的实施意见》。2020 年 5 月出台了《成都市培育展会新模式激发增长新动能指导意见》，加快会展产业与数字经济、智能经济、绿色经济、创意经济、流量经济、共享经济六大形态深度融合发展，形成会展产业转向“聚合共享，跨界融合”的新经济发展模式，建立全国首个“成都会展新经济产业创新基地”和“成都绿色会展经济创新中心”。成都授予双流感知物联网产业园、崇州智能应用产业功能区“会展智能制造示范基地”称号。全市会展新经济企业达3500家，30余家企业拥有自主核心技术或项目。第三届中欧国际会展业合作圆桌会发布《中欧会展新经济合作发展成都倡议》，开启会展新经济国际合作新格局。

人才是创新的第一资源，是成都会展竞争力连续四年领跑中西部的关键要素之一。2020 年，成都有 16 所高校开设会展类专业，毕业生共计 777 人，约 41% 的毕业生从事会展相关行业。成都会展厚植人才培育，在全国率先出台《成都产业生态圈人才计划实施办法》，每年遴选 10 名会展领军人才，每人可获得 30 万元资金补助；ICCA 国际会议研究及培训中心、中国贸促会（中国国际商会）成都培训基地和西部会展人才培训中心等，纷纷开展专业认证培训课程，以人才专业化加速会展专业化，全面增强会展服务全球的能力。

场景观察员：

给机会，是成都会展优化供给结构全国领先的“新招”。2020年，成都结合会展特色发布《成都会展合作机会清单》《知名会展企业展会项目清单》，涉及27个新场景、16个新产品、8个产业政策与26项重大活动，让机会“落地成金”，以新场景生成激发需求潜力，展示出成都会展的澎湃新动能。

三 “会”聚产业成链：从空间聚集到产业生态聚集

成都正聚力产业生态圈引领产业功能区建设，聚焦行业细分领域，吸引全球高端要素资源加速集聚。成都市博览局相关负责人介绍，成都会展以会展经济产业生态，高度集聚生产要素、高质集成配套功能、高效集约优质资源，整体提升会展产业发展能级。

2021年3月26日，2021成都新经济“双千”发布会首场活动——以“会客全球　展链世界”为主题的产业功能区高品质会客厅专场在成都青白江亚蓉欧国家（商品）馆法国馆拉开序幕。发布会上，成都66个产业功能区的150个新场景和150个新产品亮相。

产业功能区是以产业发展为目标的空间聚集形式，是实施城市发展战略、构建现代经济体系、形成发展比较优势的重要抓手。打造产业功能区会客厅场景的根本意义就在于发布具有较高标识度、显示度、开放度的高品质会客场景和产品，满足功能区在对外开放、形象展示、交流合作等方面的需求，为产业功能区贸易合作、商务洽谈、营销展示、现场互动等提供营城舞台，推动产业要素在功能区内聚集，形成更强的发展动力。

成都正聚力产业生态圈引领产业功能区建设，聚焦行业细分领域，吸引全球高端要素资源加速集聚。成都市博览局相关负责人介绍，成都会展以会展经济产业生态，高度集聚生产要素、高质集成配套功能、高效集约优质资源，整体提升会展产业发展能级。

成都市将会展经济产业生态圈列为全市 14 个生态圈之一，充分说明了会展经济在新兴服务业中的重要地位。作为全国会展经济产业生态圈首提者，成都已形成以天府新区总部商务区为支撑，以东部新区国际会都岛、新津天府农博园、大邑大匠之门文化中心、都江堰融创文旅城四区协同、差异互动的产业生态；已出台的《会展产业精准支持行动计划》等 15 项长效管理政策，为提升会展生态圈的产业能级，推进生态圈统筹发展提供了强力支撑。政策利好之下，全国首个会展新经济产业园 2020 年 8 月在成都开园。

自 2019 年创新“会展 + 产业 + 功能区 + 投资贸易”一体化发展模式以来，成效显著：仅 2020 年，就以赋能 5 个先进制造业、5 个现代服务业和新经济的“5+5+1”现代产业体系为导向，举办产业带动展会活动 272 个、签约重大产业项目 637 个、协议投资额 9218.5 亿元，聚焦 66 个功能区主导产业签约重大展会项目 48 个。

面对成渝地区双城经济圈建设和成德眉资同城化发展机遇，成都会展乘势而上，推动规划同步、协同发展、双圈融合，成立成渝地区会展联盟，举办成渝地区会展业创新发展大会，发布《成渝地区会展业合作发展倡议书》，签署十大会展业合作项目。

场景观察员：

如今，成都正通过“一个功能区，一个主导展会新场景；一个功能区，一个主导展会新产品”，实现各产业功能区与全球产业链、供应链、价值链、金融链、孵化链的深度融合，以更加开放的城市场景，创造出更多的合作发展机会。希望以此让成都的产业功能区成为国际采购、投资贸易、人文交流、开放合作、广聚宾客的舞台，让每个产业功能区在 2021 年都有其主导的展会新场景出炉，每个产业功能区都有其主导的新产品发布。

专家点评：

城市是文化的容器，文化塑造着城市品质。近年来，成都通过场景营城，以场景营造城市，不断增强巴适安逸休闲之城和新天府文化的品质，并把这种品质转化为市民和游客可感可及的美好生活体验，进而转化为城市发展持久的优势和竞争力。这种转化鼓励艺术手法的介入，通过想象力和创造力将这些资产重塑为既有本土特色又能参与国际竞争的形象。通过梳理成都加快建设世界文创名城、旅游名城、赛事名城、美食之都、音乐之都、会展之都等城市“大场景IP”的实践探索，我们就可以明晰这其中的奥秘。一个个动人的场景，生动诠释了城市是如何“服务人”“陶冶人”“成就人”的人本价值依归。让人人都享有城景相融的宜居环境，让人人都享有幸福美好生活体验，让人人都享有梦想出彩的发展机会。

——北京市委党校吴军副教授

第五章

“成都人”的家园——公园城市　遥望雪山

绿水青山就是金山银山，生态宜居日益成为幸福美好生活的重要标准。山体、峡谷、森林、雪地……成都有着丰富的生态资源，通过公园城市示范区建设，成都不断擦亮“雪山下的公园城市”这一城市品牌，积极探索生态价值转化的工作体系和实现路径，良好的生态本底正在持续转化为提升市民幸福感的美好生活场景。通过凸显公园城市多维价值，成都积极营造天府绿道、乡村郊野、产业社区、天府人文、城市街区、社区生活和科技应用等多元生态空间场景，塑造“可进入、可参与、可感知、可阅读、可欣赏、可消费”的高品质场景体验。如今，以青山为底、绿道为轴、江河为脉的公园城市画卷正在徐徐展开，“开门见绿”的人居理想场景在成都一步步成为现实。从生态环境治理到生态价值创造，新的场景给市民带来了新的生活方式，也给城市带来了新的发展活力。本章通过公园城市的场景营造，展现生态空间“滋养人”的故事。

第一节

绿满蓉城：山水生态公园场景

山还是那座山，却又不是那座山。屹立于成都平原东侧的龙泉山，已悄然变化。2017 年 4 月，成都启动龙泉山城市森林公园建设。依托龙泉山脉打造的龙泉山城市森林公园，总面积约 1275 平方公里，南北绵延 90 公里，东西跨度 10 —12 公里——登临“城市之眼”，俯瞰三岔湖面，远眺空港新城，感受到的是“一山连两翼”的广阔格局和城市强劲的“东进”速度。在龙泉山城市森林公园之中展开的，是一幅城市与自然相融的美好场景。

近 70 岁的尹世蜀是地道的成都人，房车圈内都尊称他为老尹，是圈内出了名的“车痴”，一年有 300 天都在外面自驾旅游。老尹从小就有个梦想，希望以后能在有山有水、如田园诗画一般的地方生活。

近几年，随着龙泉山城市森林公园的打造，越来越多的美景进入大家的眼帘，因为“贪恋”龙泉山的美景，老尹取消了许多自驾计划，驾着房车长期在龙泉山露营、观景、拍照。“去过那么多地方，龙泉山城市森林公园是我最喜欢露营的地方，山清水秀，让人心旷神怡。”老尹的“家”随着场景而搬移，好的生态环境能吸引人，更能留住人。

一　增绿增景：城市的新底色

规划建设龙泉山城市森林公园，是成都优化城市空间布局、重塑产业经济地理的战略布局，是践行生态优先、绿色发展理念的生动实践，对于构建大都市圈空间形态、形成“一山连两翼”空间格局、加快建设践行新发展理念的公园城市示范区意义重大。经过几年努力，龙泉山城市森林公园正逐步实现从“生态屏障”向“城市绿心”的功能演进，已成为成都面向世界展示公园城市形象气质的一张亮丽名片。

"五一"小长假第一天，在距市中心约 60 公里的龙泉山城市森林公园丹景台景区，一大早便迎来了八方来客。有的是首次前来"打卡"，有的已经来这里多次了。"小长假到'城市之眼'登高望远，眺望东进热土，俯瞰城市美景，很有意义。"笔者在景区入口处遇到了从市区赶来的成都市民郭羽。（见图 5–1）

图 5–1　从龙泉山城市森林公园眺望成都市区

进入景区后，作为摄影爱好者的郭羽，一直忙着将眼前的美景用相机拍摄为"大片"。"视野太棒了！隔着几层山丘，远处的三岔湖也清晰可见。"沿着木制坡道向前，经过"螺旋式"楼梯，就来到"城市之眼"丹景台顶部（见图 5–2），站在这里，尽收眼底的绿，苍茫辽远，葱郁绵延。不是第一次来这里的郭羽向笔者介绍了起来，往后看，是成都的城市中央公园——龙泉山城市森林公园，未来"网红打卡点"正在加速形成；往前看，天府国际机场、天府奥体公园、三岔湖等东进新地标尽收眼底，"未来之城"正在加速腾飞。

"趁着假期，天气又好，便带着家中小朋友前来玩耍。"大量从市区前来的市民正享受着惬意的假日时光。“从这里望出去满眼都是绿色，山清水秀，空气也十分清新。到这里眺望下远方，长时间城市生活工作带来的疲惫一下就消除了。”郭羽告诉了笔者他爱来这里游玩的原因。

图 5-2 龙泉山城市森林公园丹景台景区

新场景也带来了新工作，丹景台景区建成后，附近居民郑杨转行当上了景区的讲解员。“我的家就在景区山脚下。”她喜欢给到访的参观者分享这样的故事：现在生态环境越来越好了，住在全球最大的城市森林公园，让她可以在家门口找到一份满意的工作。

“城市之眼”龙泉山城市森林公园丹景台景区，作为休闲旅游的新场景，从建成起就成了人气爆棚的“网红”新地标。数据显示，丹景山观景台在 2021 年“五一”小长假期间，共接待游客近 6 万人次。笔者了解到，这样的火爆场景不止出现在“五一”小长假，基本每个周末景区都能吸引来大量市民游客。

根据龙泉山城市森林公园的发展定位，主要功能包括了生态保育、休闲旅游、文化展示、对外交流等。除了丹景台景区为市民游客带来了休闲旅游场景外，龙泉山城市森林公园正依托良好的生态环境，积极构建文化展示场景、对外交流场景、新型消费场景……

"熊猫之窗"项目是继丹景台之后的又一个规模化、引爆性项目。目前正在开展熊猫森林公园的设计和项目前期工作。该项目依托龙泉山城市森立公园的优秀生态本底，以"大熊猫 + 竹"为核心要素，将实现生态与城市共同发展，由熊猫森林公园组团（项目核心区）和产业发展组团（项目外延区）两部分组成。其中，熊猫森林公园组团占地约 1.4 平方公里，投资总额 24 亿元，重点建设大熊猫兽舍以及相关附属设施，构建大熊猫以及伴生动物饲养管理、科普展示、文化交流等功能场景；产业发展组团占地约 11.6 平方公里，重点建设熊猫国际创想中心、会展文化交流中心、熊猫户外探索基地以及竹文化游览基地，构建大熊猫 IP 产业，打造符合龙泉山城市森林公园整体定位的新型消费场景。

龙泉山城市森林公园从 2017 年 3 月启动建设，之所以短短几年时间能吸引来大量游客及项目，离不开生态场景营造带来的生态价值。聚焦"增绿增景"，龙泉山城市森林公园管委会引进中科院唐守正院士团队设立院士工作站，开展森林植被地图绘制。下一步，将通过生态保护、森林抚育、林相改造、植物更新配置、生态风景林营造等措施，实现龙泉山生态修复的可持续发展。

"随着增绿增景工程的实施，目前龙泉山城市森林公园已累计实现增绿增景 14 万亩，森林覆盖率由 2016 年底的 54% 提升至 59%，500 余种野生植物在龙泉山'安家'。"透过龙泉山城市森林公园管委会生态部部长冯毅的介绍，一幅人与城市、人与自然和谐共生的美丽图景跃然眼前。

场景观察员：

作为"城市绿心"，龙泉山城市森林公园的变化，只是成都持续深入推进全域增绿增景的一个缩影，"绿色"成为成都城市的新底色。根据市公园城市建设管理局的数据，如今，成都绿化覆盖面积 52870.77 公顷，共有公园 161 个，公园绿地面积为 14783.72 公顷。人均公园绿地面积达 15 平方米。

二 大地景观再造：城市的新亮点

“九天开出一成都，万户千门入画图。”城市的万千美好，孕育于自然天成，离不开有序规划。让城市自然有序生长，是筑城聚人之根，是美好生活之本。山水交融的自然本底，是天府之国的千年遗泽，是公园城市的筑城之本。成都以青山为底，划定生长边界、区隔城市组群、布局望山廊道，将再现草树云山、千秋瑞雪的旷世盛景。

当你坐飞机来到成都，从高空俯视大地的时候，你会发现，机舱的窗框如同画框，最美的风景就在窗外。“飞机快降落在双流国际机场前，从空中视角俯瞰成都，看出的就是一幅公园城市大美形态的最美画卷，成都给所有游客的‘第一印象’太棒了。”从北京来成都旅游的陈梅女士，不停地向身边亲友推荐以后来成都坐飞机一定要选择靠窗的座位。

笔者了解到，飞机起降在1000米以下的中低空时，人眼可以看到机舱外的整体格局和色彩，包括农田底色、山脉轮廓、河流湖泊、城乡关系及边界、城市结构（城市中心、主要廊道、大型开放空间、路网）、城市肌理、城市主色调等。在400米以下的低空时，人眼则可以看到大量人尺度的景观细节，如植物种类、街区形态、建筑轮廓、屋顶细节、建筑色彩、开敞空间、乡村聚落等。而陈梅透过飞机机窗所看到的景色，正是双流国际机场周围已建成的“空港花田”项目。

经过“空港花田”的绿道入口，沿坡而上，两旁是一大片娇艳的格桑花丛，不时遇到来此“打卡”的市民。正如“空港花田”的名字，这里种植了大面积的莜麦、分区轮作油菜、向日葵，点缀有格桑花，并组建了6个憨态可掬的熊猫图案。“前一段时间，从空中就能看到油菜花田，花田旁边就是巨型熊猫图案，憨态可掬很可爱。”在“空港花田”里值守的工作人员介绍道，平均每日游客量都是几千人次，一到周末更是人头攒动。

“这个位置是最佳观测飞机的点位，在周围五颜六色的花和大片的绿植映衬下，拍出来的飞机照片壮美无比。”来自新都的游客张林专心举着相机，等待即将落地的飞机。而张林的身旁，一群与他有着相同爱好的航空迷，正端着相机"咔嚓""咔嚓"追逐呼啸而来的飞机。"在成都，我们航空迷都知道'空港花田'，我们经常也会相约来拍飞机。"其中一位航空迷指向旁边的一处空地，"觉不觉得这里很眼熟，这里就是电影《中国机长》的取景地。"

笔者了解到，早在2019年1月，双流区和四川航空集团有限责任公司就签署了战略合作协议和"空港花田"项目投资协议。在"空港花田"项目合作中，双流与川航集团将共同设立运营平台，负责空港花田投资建设及运营管理，重点打造航空文化展示中心、主题乐园、户外运动、康养休闲等产业场景，同时，结合双流航空产业、牧马山片区特色及天府熊猫特色文化展示场景。

而在"空港花田"附近，最近又有一处新的公园"火"了起来。如果从成都坐飞机，在飞机升空过程中俯瞰大地，会看到一大片绿地公园，这正是已建成的空港体育公园，这个占地600多亩的航空运动公园，将提供多功能消费空间、丰富文化活动和网红创意场景。

"这个地方与'空港花田'还不一样，'空港花田'主要看飞机降落，这儿主要看飞机起飞。"在空港体育公园，笔者同样遇到了一群航空迷，他们正手持相机拍摄飞机起飞的过程。一眼望去，只见满园绿色，草坪、植绿错落有序，远处双流机场停机坪忙碌的景象尽收眼底……"这里离飞机更近，拍飞机更巴适。"原来，公园与双流国际机场仅隔着一道铁丝网，站在公园里设置的观景台可以更近距离地感受飞机轰鸣声。

正如"空港体育公园"的名字，体育是这个公园的另一大特点。公园里配备了篮球场、羽毛球场等运动场地，凸显着公园的运动特色，吸引了不少市民在此运动健身。"环境好、景色美，带小孩来看完飞机后，还能在球场带小孩运动健身一下，老人还能在公园散散步，一家人在这里都能找到自己休闲运动的方式，真是太好了。"特地从市区带着一家老小来游玩的王冬先生告诉笔者。

在空港体育公园，笔者遇到了住在机场附近的刘凤田，他今天专门带朋友来看看他家附近的景色。“机场附近的航线区域，建筑有高度的限制，飞机频繁起降也会带来一定的噪声。以前他们都不爱来我家这边玩儿，现在这儿已有几个‘网红打卡点’了。”

“机场附近的大雨景观再造，对附近居民来说，带来的还将是一个彻底改善航线区域群众生活环境、增强群众获得感的生态体验场景。”项目建设指挥部相关负责人介绍到，成都正大力对共1450平方公里的航线区域进行大地景观再造工程，其中，包括成都双流国际机场航班起降航线下方及周边涉及青羊区、武侯区、双流区、新津区，总面积约为700平方公里的区域；成都天府国际机场航班起降航线下方及周边涉及成都东部新区、简阳市的区域，总面积约为750平方公里。未来，如果你乘坐的飞机是在双流国际机场起飞或降落，你看到的将是沃野千里的天府锦田和星罗棋布的精美林盘；如果起降在天府国际机场，你看到的将是湖丘为底、湖山相傍的山水生态。

场景观察员：

作为“城市绿心”，龙泉山城市森林公园的变化，只是成都持续深入推进全域增绿增景的一个缩影，“绿色”成为成都城市的新底色。根据市公园城市建设管理局的数据，如今，成都绿化覆盖面积52870.77公顷，共有公园161个，公园绿地面积为14783.72公顷，人均公园绿地面积达15平方米。

第二节

蜀风雅韵：天府绿道公园场景

即便是“运动菜鸟”，在青龙湖湿地公园跑步也不会觉得很累。市民可以一边奔跑一边赏景，跑完还可以到与青龙湖一路之隔的成都大学附近大快朵颐，也顺便可以亲眼见证大运会筹备的"成都速度"。在成都，像这样的网红人气"打卡"地还有很多，江滩公园、锦城湖公园、兴隆湖、白鹭湾湿地公园……年轻人骑着单车穿梭在绿道中，父母带着孩子在草地上玩耍，情侣们铺开野餐布开始布置野餐场景，湖面上漂着五颜六色的皮划艇……从"城市中建公园"到"公园中建城市"，从"空间建造"到"场景营造"，成都赋予了天府绿道更多的"生命"。跑步、骑行、健身、打网球、打篮球，参与者在绿意盎然的天府绿道上放松身心，体验运动乐趣，感受大美公园城市魅力，畅享公园城市示范区的生活美学。

天府绿道改变成都市民生活方式的同时，绿意的铺陈还让钢筋混凝土的城市变得温暖起来，并探索出了一条实现绿色与发展"价值转换"的新路径。天府绿道将不同特色的公园像珍珠一样串在一起，创造出全新的消费场景。"绿道建设不仅要将生态价值考虑进去，更要把经济价值转换出来，通过'绿道+'，实现绿道资源的转换。"市公园城市建设管理局相关负责人说。

白天，陈霆是坐在电脑前编写代码的程序员；晚上，则是奔跑在天府绿道上的跑步爱好者。自从他加入咕咚成都城南雨神跑团，渐渐爱上了跑步这种健康的生活方式。陈霆是一名在天府软件园工作的程序员，写程序、打游戏……"宅"曾是他日复一日、毫无波澜的工作和生活状态，偶然一次经过桂溪生态公园绿道，被立体的绿色生态环境吸引，他决定进去逛一逛，恰好看到一群人正在为跑步热身，热闹的氛围吸引了他，"我感谢当时自己的冲动，改变了一直以来单调枯燥的生活，爱上跑步，进入了一个充满乐趣和活力的世界"。

在成都，像陈霆一样，有很多因为天府绿道的建成而改变了原有的生活方式、过上了更加健康生活的市民。周杰也是天府绿道的常客，他加入咕咚成都城南雨神跑团后，渐渐爱上了跑步这种健康的生活方式，两年时间奔跑里程数超过 1500 公里。

一　天府绿道体系：串联“生态区、绿道、公园、小游园、微绿地”五级绿化网络

锦城绿道清波环绕，锦江绿道绿林傍行，田园绿道花丛掩映，社区绿道创意多彩……成都市第十三次党代会以来，成都以新理念统领城市工作，高起点规划建设天府绿道，三级绿道体系加快串联成网。如今的成都，游客将绿道视为城市新名片，市民将绿道视为休憩新方式，企业将绿道作为应用新场景。

来自成都市石室天府中学的 42 名同学，刚刚在天府绿道桂溪生态公园上了一堂特别的户外体育课。从老师，到同学，到家长，纷纷为“绿道体育课”点赞，“太巴适了！”。

把体育课搬到天府绿道的带队体育老师张彦枫认为，这种融入自然的锻炼，可以让学生的运动效果更好，对于缓解压力，增进下一步学习的效率，具有更大的推动作用。“天府绿道的生态环境这么好，能明显感觉到孩子们比平时上体育课时，更加享受在大自然中运动的舒畅，同学们都说感觉像春游一样开心，轻松愉快。”

“昨天知道孩子要到天府绿道上体育课后，我们非常支持，觉得学校这个安排特别用心，非常好。”家长代表杨键认为，绿道的修建不仅让城市环境变得更好，也创造了更多的活动空间。“我家住天府二街，平时饭后我们就爱在周围绿道散步，锦城湖、桂溪生态公园这些都离我家很近。而在周末去白鹭湾、三圣乡是家里的‘保留节目’。”杨键谈起了他们一家的健康生活方式。

2021 年春节，眉山市民谭钰在成都过了一个与往年完全不一样的春节。他和家人大年初一去了锦江，从东门码头乘船到音乐广场；大年初二，他带着家人去了绿道上的麻石烟云景点；大年初三，他沿着绿道穿梭于成都的大街小巷，感受了市井里热闹祥和的街道，街旁转角处的咖啡店、书店让他印象深刻……“这几天去的这些地方，我都看到地上有个相同的标

识‘天府绿道’，可以说这几天去的所有场景都是由这条天府绿道串联在一起的。沿着天府绿道，既能看到成都生态环境的明显改善，更能感受到成都生活的闲适与安逸。”

不仅是像谭钰这样外地来蓉过年的游客，天府绿道也成了成都本地在家过年的市民最爱去的地方。白天游楼下的公园、漫步绿道，晚上欣赏灯火斑斓的美丽锦江（见图 5-3），还有市井街巷……这些新兴场景，让就地过年的成都市民感受到了公园城市的独特风景和浓浓年味，成为度过欢乐祥和幸福年的另一个构成元素。

图 5-3　春节期间，夜游锦江深受市民追捧

“来成都之前，他们总说春节期间大城市是一座‘空城’，不好耍、不热闹，结果走的时候恋恋不舍，照片和视频把手机内存装满了，都舍不得删除。”作为“新成都人”的陈晟 2021 年春节期间把父母从老家接到了成都来过年。利用春节假期，陈晟带着父母逛遍了成都，公园绿道、锦江夜景、春熙路商圈、宽窄巷子、一环路市井街巷等场景都留下了他们的足迹。

“每到一处他们都会掏出手机不停拍照，发到朋友圈后获得了不少点赞，走时还说明年还会来成都过年。”而对于陈晟本人来说，这次留在成都过年的经历也刷新了他对成都的认识。“我到成都生活工作不久，平时工作也很忙，基本就公司和家两点一线。要不是这次带父母在成都逛，根本不知道天府绿道串联了这么多景点。7天时间，就留在城区逛天府绿道都逛不过来！”

江滩公园、桂溪生态公园、江家艺苑、青龙湖湿地等新兴场景都成了市民春节期间最爱“打卡”的地方。据不完全统计，2021年春节期间，近800万名市民、游客走进公园、绿道，感受春回大地的新年喜乐氛围。依托绿道公园等开敞空间，成都以“New year 成都·成都牛”为主题，开展了100余场主题活动，营造集游憩、消费、娱乐等功能为一体的户外场景，为市民游客提供了有亮点、有记忆点、有幸福感的多样化游乐选择。

场景观察员：

成都已依托绿道设置生态廊道73条，串联生态区55个、绿带155个、公园139个、小游园323个、微绿地380个，增加开敞空间752万平方米，形成蓝绿交织、清新明亮、城乡融合的生态城市布局。在星罗棋布的公园之间，成都规划总长度16930公里的天府绿道在2020年底已建成4408公里，排名全国第一。当前，锦城公园100公里一级绿道已建成90公里并分段贯通，“超级绿环”公园形态初显。根据规划，2021年天府绿道的建成总里程数将突破5000公里。

二　营造多元场景：有机承载慢行交通、体育运动、文化创意等功能

天府绿道是成都深学细悟习近平总书记“绿水青山就是金山银山”理

念，坚定推进生态优先、绿色发展实践，充分彰显成都"生活城市"特质，培育未来可持续发展动能，回应市民美好生活向往的一次改革创新实践。在天府绿道上，不只有看的，更有承载慢行交通、体育运动、文化创意等功能，这些项目主题鲜明、富有特色，坚持以生态绿道为载体，始终贯穿商业逻辑，高端植入新兴业态，探索出了绿道经营建设管理的有效路径。

抖音上有一位成都姑娘经过"绿道传送门"，爬树吃火锅的短视频引发了众多网友的热议。"绿道上还能吃火锅？""原来绿道还可以这样玩？"是的，这段抖音其实只呈现了天府绿道众多消费场景的其中一个。

"不仅是短视频中展现可以在树上吃火锅，还可以在船上吃火锅，坐在湖边吃火锅，看着激光音乐喷泉秀吃火锅，在天府沸腾小镇玛歌庄园，吃火锅的花样多得很哟！"每当有外地朋友来成都，从事销售工作的张磊就会带朋友来天府沸腾小镇逛逛后就在这里吃火锅。"因为工作原因，我也是全国各地到处跑，外地朋友来我就想带他们看看我们成都的特色，绿道和火锅。"

天府沸腾小镇位于新都三河场，天府绿道穿越而过，玛歌庄园作为小镇的代表项目，充分保留了原有大树，新增绿化并按景区要求来设计景观。笔者了解到，经过现场答辩、专家评审等环境后，天府沸腾小镇成功入选"成都市十大特色消费场景"。然而，通过"产业植入＋场景营造"模式，从杂草丛生的水洼到"网红"特色小镇，天府沸腾小镇仅用了 3 年多时间。在这里，夜食、夜秀、夜色是其三大特点，夜食当然是指火锅；夜色指的是环绕湖边打造有亮丽多彩的灯光工厂，营造出非常漂亮的夜景；夜秀则指的是这里的表演，有舞台表演、游船表演、音乐表演等。

每逢假期，天府沸腾小镇每天都在沸腾。"每天一玩多人来，从早上到晚上 11 点，人流就没断过。"玛歌庄园总经理付伟忙得不亦乐乎，为了让游客能在小镇玩好，他们还在整个区域配套了许多活动，有房车露营火锅趴、中国好声音海选、国朝音乐节狂欢等活动。"在抖音里经常看到这里梦幻般的灯光秀和吃火锅的场景，太有烟火气了，这次早早就

计划好来成都体验一把。”来自西安的游客庄萌专门趁“五一”假期前来“打卡”。（见图 5-4）

图 5-4　成都“网红打卡点”玛歌庄园依托绿道，创造消费新场景

在另一个节日，天府绿道点燃了市民全民参与的热情。2020 年端午节，按照往年习惯，市民李峰要么回老家探亲，要么和妻儿外出旅游，但是因为天府绿道上举办的一个活动，他选择了作为城市家庭代表，带上孩子加入“团团亲子队”，参加在家门口举办的首届国际熊猫运动会。

这次运动会在天府绿道锦城公园举行，是一次成都熊猫 IP 大聚会，在比赛项目的设置上十分成都范儿，共有七大趣味主题比赛，全部都是成都人最熟悉的成都元素。“用成都话说，好耍，但又不单纯只是好耍，通过 T 台秀、故事展等系列活动，对成都的熊猫文化进行了多元表达，让孩子们更加深刻地感受到了熊猫文化。与此同时，比赛项目中的火锅举重和串串掷壶等活动则融入了成都美食文化，大人们都玩得很 High。”在李峰看来，本次熊猫运动会是一次对传统假期、熊猫文化、美食文化、城市生活美学的混搭表达，不仅开创了假期的潮流新玩法，也是一次对城市文化的深度挖掘。

而在熊猫运动会的入场处，十余家熊猫文创展商组成的熊猫文创集市，用各类极具创意的熊猫文化商品，点燃了到场者的消费热情。参加完运动会，带一份文创产品作为端午礼物，成为到场者过节的"新姿势"。大熊猫衍生出的书签、贴纸、字帖、杯垫、冰箱贴、剪纸等系列文创产品，无一不在当天受到追捧。

在全球首个以熊猫为主题的邮局——熊猫邮局展位前，呆萌可爱的吉祥物 YOYO 熊猫，挎着小邮包，头戴小绿帽，不断与到场者合影互动，现场圈粉无数。据介绍，这也是熊猫邮局第一次将他们的恶文创产品搬到了绿道上。熊猫邮局相关负责人表示，成立 7 年来，熊猫邮局在和天府文化的高度融合中，形成了独特的记忆和精神，并融入了这座城市的肌体，对这座城市贡献着重要的文化与旅游价值。不过，其以往大多设在游人如织的核心商圈和文化地标。

"如今，随着绿道在成都全域内的不断延伸，包括熊猫邮局在内的各类文创产品均能在天府绿道嫁接出新的消费场景。"在这位负责人看来，天府绿道不仅是一个承载成都人健身休闲的物理空间，也是城市文化、城市生活方式、城市消费的新场景。"像我们这次将熊猫邮局搬到熊猫运动会上，不仅传达了熊猫文化，也完成了文创产品周边的销售。"

场景观察员：

天府绿道带给成都这座城市的想象空间，很显然绝不仅仅是一条生态之道，而是一道 1+1 ＞ 2 的非常规算数题。绿道中可加可融的内容实在太丰富。集多功能于一体的天府绿道，不仅可以营造生活场景，也可以营造消费场景与应用场景，只要让"绿色"成为成都的生态底色，"巴适安逸"就能继续成为成都最鲜明的符号，"时尚宜居"也会一如既往成为成都最温厚的气质。

第三节

美田弥望：乡村郊野公园场景

成都市第十三次党代会以来，成都优化城市空间布局、重塑产业经济地理，深入推进“东进、南拓、西控、北改、中优”。“西控”区域是成都重要的生态涵养地和水源保护区，拥有全市最丰富的生态资源、最美丽的田园风光、最优良的宜居品质。“西控”区域坚持以控促优、以控提质、助力转型，走出了一条以高质量发展为导向、以资源要素节约集约为重点、以推动生态价值创新转化为方向的发展新路子。

成都正深入推进都江堰精华灌区和川西林盘保护修复工程，以航空走廊、生态廊道、旅游景点为重点实施大地景观再造，通过“整田、护林、理水、改院”重塑川西田园风光，把乡村建设成城市最大最美的公园。在成都，乡村不仅是农民生活居住的地方，更是市民休闲娱乐的去处。

退休前10年拜师研习篆刻，退休后又拜师学习油画，已经退休3年的李南书，因为提前规划了自己的退休生活，新学的两门艺术都结出了硕果：“明月抒怀——李南书风景油画作品展”在蒲江县明月村举办，而他策展的“印道·中国篆刻艺术双年展”，也成为近几届中国成都国际非物质文化遗产节上的重要活动之一。

在李老的作品中，出现最多的元素是：明月村周围的川西田园风光。从2014年明月村开始打造以来，李南书已经逾百次往来于明月村，参与明月村乡村振兴、文化植入，组织开展公益传习培训篆刻艺术。2019年，李南书在明月村策划了“甘溪映明月——美丽乡村风景油画写生作品展”，邀请了10余位风景油画家到明月村写生，明月村的茶园、竹林、马尾松、池塘点缀在山野间的川西民居……画家们用一幅幅油画，将明月村的美景留存下来，并在明月轩向公众展示。

这次展览，不仅得到业内人士的称赞，也吸引了很多村民和游客前来参观。“成都的乡村景色很有特色，川西田园风光在别的地方是根本看不到的。”来自甘肃省陇南市的游客张今东站在画家们的作品前，拿着手机拍个不停，“一定要拍回去给亲朋们看看，虽然我的家乡陇南被称为‘陇上江南’，但是这样的美丽乡村风景是在我们那儿看不到。”

在成都市实施乡村振兴战略的过程中，以夯实公园城镇和大美乡村基底为核心的生态文明建设被涂上了浓墨重彩的一笔。特色镇（街区）和乡村绿道建设、川西林盘保护修复，深化“百镇千村”景观化景区化建设等一系列工程都让生态功能得到进一步强化，突出“整田、护林、理水、改院”，成都正在重塑“推窗见田、开门见绿”的川西田园风光，加快呈现美田弥望的乡村郊野公园场景。（见图 5–5）

图 5–5 美丽的油菜花与川西林盘浑然一体

一 都江堰精华灌区

岷江水流淌数千载，经都江堰灌溉成都平原，润泽天府之国。自宝瓶口以下东至龙泉山、南至华阳的农田以其自流灌溉方式自古传袭，文化底蕴丰厚、土地资源肥沃，成为承载千年天府农耕文明的精华灌区。如今的都江堰精华灌区内，散落着许多如明珠般的川西林盘，微风过时，摇曳生姿。

2020年，都江堰精华灌区康养产业功能区（原）着力发挥公园城市建设集成配套优势，打造高品质生活空间；着力推进绿色基础设施建设，提高智慧化管理水平，以绿道串联成线，形成环境优美、全民共享的绿色开放空间；着力围绕高端科研、文创、新型职业农民、康养旅居游客等人群需求，优化农村场镇空间边界规划、补齐场镇水电气等基础设施短板，完善5G站点等智能新基建服务配套，提高人民群众生活舒适度和归属感。

"以为它只是一个水利工程罢了。"来都江堰之前，很多游客都抱着这样的想法。甚至对已经来过几次的成都市民来说，也是如此。"大多数人对都江堰的认知还停留在鱼嘴、飞沙堰、宝瓶口。事实上，经都江堰流过的岷江下游地区，都应是都江堰的灌区，都江堰不仅仅是都江堰市的……"在都江堰，中国作家协会会员、四川省李冰研究会副会长王国平向笔者介绍道。

春风拾里小镇、七里诗乡林盘、川西音乐林盘……这些既有本地特色又结合现代人需求的场景，自然很快就脱颖而出，被八方游客列入"打卡地"目录。"这里的'康养'并非传统意义的养老，而是以不同的文旅形态和文旅元素，让各个年龄阶段的人，都能在这里寻找到适合自己的、放松身心的场景。"都江堰精华灌区康养产业功能区副主任向征介绍道。

"这还是我记忆中的农村老家吗？荒芜杂乱的水漕地不见了，环境完全变了样！"清澈的溪流从脚边静静淌过，丝丝薄雾缭绕田间，清脆悠远的鸟声叫醒了林盘的村庄……走进位于都江堰市聚源镇的国家农业公园，在这里生活了一辈子的苟光耀老人感觉熟悉又陌生。东看看，西瞧瞧，一路沉默少言，看着世代生活的地方已大变样，他震惊得说不出话来。笔者了解到，作为成都市重点项目，国家农业公园是都江堰精华灌区康养产业功能区的核心项目之一，这个集农业、文旅、康养、教育等功能于一体的田园生态综合体的起步区已经初步呈现。

在启动区现场，一眼望去，青青田园间还有一座座下沉式的木头亭子，名曰"问稻亭"。"这个亭子里为大家准备的将是火锅、烧烤、素食等稻田餐饮，非常具有特色。"都江堰市聚源镇双土社区书记仰柯介绍，稻田餐饮是以稻田经济产业链进行串联的新消费场景。游客不光可以在田园里体验绿色蔬菜果瓜的采摘种植，还可以在"问稻亭"里品尝火锅、烧烤等。"置身于这样的场景当中吃着鲜美的火锅，更为重要的是你还可以在涮火锅的时候，直接伸手从地里拔出蔬菜，清洗一下放进锅里面，吃到最新鲜的食材。"

"形态美了，还要有产业支撑。"仰柯介绍道，依托国家农业公园自建的电商销售平台——"云端上的农庄"，聚源镇本土的"鑫洪运"猕猴桃、"聚源红"生态水稻、桂桥大闸蟹、环山绿壳蛋、贵妃"醉酒"等农特产品进一步拓宽了销路。该电商平台通过向工会会员、集团公司客户推荐，将藏在深闺中的优质农产品赋予了品牌和温度，提升了产品效益，形成了"公司推广营销品牌、合作社抓质量品质保障、农户多元收益参与"的互利互惠模式。

"销路完全不用愁，收购价格还比市场价格高出20%以上，摸到了致富的门道，好日子就在眼前。"后山的猕猴桃全面成熟上市，虽然日渐忙碌，但都江堰市胥家镇金胜社区的村民杨洪清心情大好。在都江堰精华灌区康养产业功能区内，果农们采摘完猕猴桃，天府源田园综合体"拾光山丘"都会统一收购，集中对外销售。杨洪清算了下账，2021年纯收入将达到约30万元。

"都江堰精华灌区康养产业功能区建设最关键的地方在哪里？就是要解决好'人、地、钱'三大要素供给问题。"业内专家认为，都江堰精华灌区康养产业功能区以农为本，打造集现代农业、休闲旅游、田园社区为一体的多元场景模式。其中最重要的探索便在于，通过场景营造，注重发挥各方力量，共同为农民增收出谋划策，由原来的政府、农民、企业三方各干各的，转变为三方形成合力，探索出了多种农民参与模式并受益的新场景。

场景观察员：

成都国家城乡融合发展试验区建设动员会暨“西控”工作推进会明确强调，要统筹编制“绿道蓝网”总体规划和全域旅游规划，全面启动大地景观再造工程、都江堰精华灌区生态建设和文化保护传承利用工程，再现岷江水润、茂林修竹、美田弥望、蜀风雅韵的壮美秀丽景色，形成“绿道蓝网、水城相融、清新明亮”的生态城市格局。作为成都建设践行新发展理念公园城市示范区的乡村表达主阵地，以及都江堰市全域旅游的主延伸区，精华灌区在探索如何把“绿水青山”变成“金山银山”的路上，已经形成了自己的思考与实践。

二　川西林盘保护修复工程

乡村绿道和川西林盘建设，承载着生态理念和农耕文明，是推动乡村振兴的关键举措、建设美丽宜居公园城市的应有之义、对人民群众美好生活向往的积极回应，将对成都平原乡村生活、历史文化、自然生态、产业发展产生重大而深远的影响。

推进川西林盘保护修复，既是创新诠释公园城市的乡村表达，也是促进生态价值转化、做精做细乡村旅游、推动城乡融合发展的必然之举。成都秉持“一个精品林盘（聚落）催生出一个规上服务业企业”的理念，强化功能植入、业态提升，让每个林盘都成为融合发展体验区、创新企业孵化地。

“世间的美好幸福莫过于此！”吹着凉风，吃着火锅，听着音乐，来自重庆的王应福直呼“不枉此行”。这个国庆，他们一家从重庆来到成都游玩，在崇州待了整整4天还不愿离去。“我们游了湿地公园、在田园绿道上骑了自行车、逛了竹艺村的文创市集，女儿还体验了手工制陶和竹编。更难得的是，崇州的乡村夜生活也很丰富，不仅有各种美食，还有很多颇具风格的特色酒吧、田园咖啡、乡村民宿等。这里既有优美的环境还有多元的场景，让我们的这个假期过得非常充实而又自在惬意！”

不仅是王应福一家人。2020年的国庆黄金周，位于成都近郊的崇州市成了假日热门旅游的“黑马”——接待游客130.52万人次，实现旅游综合收入5.01亿元！亮眼的数据下，崇州广袤的乡村功不可没——滚滚人潮流向的竟大多是美丽的田野、林盘、绿道、民宿。游客们在云霞般的粉黛乱子花丛中“打卡”、在金色的田野里感受丰收的气息、在稻香蛙鸣中吃着火锅唱着歌、在民宿的小院里仰望星空，传统的“一日游”“白天游”在这里华丽转身，市民们纷纷留下来，向着“体验游”“深度游”转变。“留下来”的背后，是众多城市人对乡村故土山水人文的悠长眷恋。自农村人居环境整治以来，崇州广大乡村通过场景营造，不仅还原了“看得见山、望得到水”的高颜值，还激发了广大群众共治共建共享的内生动力，让承载了千年农耕文明的川西坝子呈现出勃勃生机。

位于崇州市观胜镇的严家弯湾林盘，已成为这个黄金周成都周边最火的网红“打卡点”之一。网红花海粉黛乱子与全新打造的“路之·弯湾里”生态民宿以及私家定制的盆景制作等一同成为深受游客欢迎的“核心IP”。不少村民打开自家院门，摆上茶座、小椅，端出特色的农家菜、农特产，共同分享新场景带来的“流量红利”。可在几年前，这里还养在深闺，并不为人熟知。转变从2018年说起，一场以“整田、护林、理水、改院”为路径的农村人居环境整治行动在观胜镇轰轰烈烈展开。目前全镇农村户厕提升覆盖率便达到90%以上，实现公厕村村全覆盖。同时，污水处理、垃圾清运、市场化保洁等一系列整治陆续开展，曾经乱搭建的偏棚房拆除了，曾经乱堆放的杂物垃圾清理了，道路两旁绿意盎然，家家户户花开满院，农村“脏乱差”问题得到了全面改善，林盘居住的环境焕然一新。

“现在我们这儿，有看的有吃的有耍的，巴适得很，现在全国各地的游客都来了，简直成了个‘网红村’。”村名张兴富大爷讲道。如今的严家弯湾林盘，小径通幽、院落安闲、秋景浪漫、夜色迷人。同时，美景吸引了乡村规划、美学设计、酒店运营等专业团队和优秀文创人才纷至沓来，曾经闲置的老宅摇身成为一个个高品质乡村体验场景、消费场景和生活场景。

“进度还得加快些，待明年春天紫藤开花了，我们也要当‘网红’！”看到隔壁游人如织，严家弯湾林盘旁边的清柳村紫藤逸院林盘内，村民们掩饰不住满眼羡慕，转头继续热火朝天地干了起来。“户厕全部改完了，天然气、自来水、污水管网也都铺设完毕，从明年开始紫藤花、樱花、睡莲、荷花就会相继开放，到时候我们可以和严家弯湾相互呼应，吸引更多城里人！”

在崇州，农村人居环境整治让乡村有了高颜值的“面子”，深入持续的乡村治理夯实了川西林盘千年农耕文明的“里子”，一外一内引得一系列创新纷至沓来：白头镇大雨村引进鲜道餐饮公司投资近1000万元共建鲜道·幸福里，植入美食餐饮、主题民宿、体验农业、文创演艺等特色消费场景，打造出一个集川西林盘特色与沉浸式田园餐饮于一体的成都西部“乡村音乐会客厅”；五星村以“产村融合”模式培育民宿、文创、培训等新消费场景，引进企业投资500万元建立运营五星春天酒店，同时鼓励群众把闲置房拿出来统一装修统一经营，目前已有54个项目入驻运营……

场景观察员：

发展的蓬勃之气催生着精品民宿、特色餐饮和乡村酒吧等新场景如雨后春笋般涌现，原本单调的乡村夜晚有了灯火、烟火和人气。市民、游客们在饱览浪漫田野、诗意林盘、秀美湿地等风景后，更愿意细细品味安闲、舒适、惬意的天府之国氛围。崇州乡村的发展，只是成都川西林盘保护修复工程的一个缩影，在不断增强群众幸福感、获得感的同时，新场景营造带来了诗意栖居的聚居地、产业发展的联合体、共建共享的新平台。

第四节

清新宜人：城市街区公园场景

2022年6月27日，成都即将举办大运会，并且未来5年内每年都将举办国际性赛事。这是检验城市综合实力、展示城市文化、提升城市形象的重要契机。成都正加快推进"中优"战略和世界赛事名城建设，再加油、再加力、再加劲，再动员、再组织、再策划，以实际行动"爱成都、迎大运"，给全世界展示一个别样精彩的成都。

创意改变街区气质，美学优化街区形态。成都正大力构建可进入、可参与、可阅读、可感知的体验空间，引导市民发现美、感知美、创造美。坚持政府主导、市场主体、商业化逻辑，大力引进创新企业、社会组织，不断创造新场景、培育新业态，更好满足居民美好生活需要。

作为锦江水生态治理建设的重要项目，锦江公园闸坝正在进行改造，预计成都大运会前将全面完工。公园城市水闸全新亮相后，将为"夜游锦江"项目行船提供条件，届时将实现水上行船10公里。可以想象，每当夜幕降临，华灯初上，乘船沿锦江而下，河道两岸呈现出"光影走廊""熊猫爬塔""东门码头""花重锦官城"……一系列颇具天府文化元素的梦幻光影盛宴，将再现杜甫诗中"门泊东吴万里船"的繁荣景象。拟将锦江水治理、夜游锦江作为切入场景，讲述成都在公园城市建设中，"江河为脉"的场景。

7月的一天午后，居民王晨女士下班后并不着急回家，在一家名为"菌越鲜"的店里买完东西后，她又到社区的小广场和老邻居摆起了龙门阵。"出了家门就是绿道，既能在这里购物散步，还能在这里休息聊天、参加各种活动，很舒适！"

让王女士感到舒适的正是金牛区星科北街打造的美好生活特色街区，

这也是成都规划建设1000条“上班的路”“回家的路”中的一个点位。对这条街道以前的模样，王女士记得很清楚，谈起这条街的变化，她立马竖起了大拇指。“以前街道可不是这样的，有很多麻将馆、五金商店等，也没有这样的小花园供我们休息。”

坚持“景区化、景观化、可进入、可参与”理念，以创意提升街区气质、以美学优化街区形态、以“绣花”功夫雕琢细节，让“推门就是美好生活”成为市民现实生活的写照。目前，成都正加快实施“绿道+”“公园+”策略，构建清新宜人的城市街区公园场景，计划建成1000条“上班的路”“回家的路”，进一步推进社区绿道“串街连户”，构建15分钟社区生活服务圈，培育更多新经济新业态场景，让市民在家门口有更多休闲、消费、娱乐的新选择。

一 分散式嵌入便捷开敞空间的微型公园绿地

从前，成都人流主要分布在市中心，但是可以游玩休闲的地区却在郊区，这就造成了矛盾。成都通过“两拆一增”正悄悄地改变着我们熟悉的生活环境，拆除公共区域的违法建筑、拆除有碍空间开放的围墙、增加景观小品和休憩设施，把街区内部空间变成城市公共空间，把街区内部道路变成城市慢行道路，建设开放共享、环境舒适、体验丰富的街道空间。

城在绿中，园在城中，城绿相融。“两拆一增”既是建设美丽宜居公园城市的重点抓手，又是实现城市有机更新的重要途径和实施“中优”战略的基本内容，更是回应和满足人民群众对美好生活需要的生动实践。

“这里以前就是条普通的小路，通过打造，这里现在漂亮得很！”一直住在这条街的张丰明大爷谈起街区的变化兴奋了起来。走进星科北街，在各色花卉、绿植围绕簇拥下，一个“回家的路”的标牌，让人感到十分温馨。“温馨邻里·童趣琴音”美好生活街巷的宣传语点明了星科北街打造的主旨。沿着道路，走过一家家规划得宜、干净整洁的铺面，在240米长的街道中段，有一个小空间绿植环绕，可供居民休憩，也可作为居民展示技艺的舞台。

"原来只有单一的榕树，现在种上了栾树、日本早樱、桂花、紫薇、石榴、蜡梅……就连围墙上也巧妙地种植上了各种植物。"正值繁华盛开的季节，爱好种花的张大爷向笔者介绍了这条街区的绿化。如今的星科北街，四季见花、常年见绿，在绿树和鲜花的蜿蜒中随意散步，感觉清新又惬意。"每天饭后，我都会和老伴儿下来走一走，看到这么好的环境，心情都好得多。"

除了环境的变化，街区曾经业态低端、杂乱不堪的商业也变得更规范了。一条曾经普通的小街，为何能化身为"美好生活街区"？笔者了解到，其秘诀便是"政府引导、企业主体、商业化逻辑"运营思路。"由政府引入新希望集团，共同编制街区业态、形态规划。企业通过'选、扶、考、奖'的运行机制管理引入商家，定期举行由街道、社区、运营公司、街区商家共同参与的'四方会议'解决街区问题。"金牛区相关负责人告诉笔者，目前已初步建立了社区商业新场景及生活服务新体系，实现街区商业运营的可持续良性发展。

初夏时节，浓浓深情写满树梢，袅袅地滋生着香馨。在锦江区福字街区机关停车场，各种绿植与道路融为一景——鲜花、树木在阳光的映衬下增添诗情画意，而随着花池向前不断延伸，层次分明的花境，也"溢出"错落有致的别样美感。

"现在走到这儿的时候，确实觉得开敞了不少。以前的围栏给人一种冷冰冰的观感，现在拆除后从视觉上、心理上都拉近了距离。"家住锦江区书院街道的王丽芬见证了福字街的变化，锦江区在拆除范围内打造精巧花境，将机关内部空间与街道连为一体，形成开放式绿色空间场景。城在绿中，园在城中，城绿相融。在成都，越来越多的党政机关、国有企（事）业单位带头拆除围墙，拆除有碍空间开放的围墙、把街区内部空间变成城市公共空间，让市民共享开敞空间的公园绿地场景。

拆除围墙成为微型公园绿地新场景的不只是停车场，更多的是城市里的闲置空地。"以前总是羡慕别人家门口的'小公园'，现在我回家的路上也有小公园啦。"谈起家门口的变化，家住武侯区金茂府的张大姐脸上洋溢着幸福的笑容。步入武侯大道铁佛段与金履路交会处，绿油油的草地，五彩斑斓的花朵，城市空间与绿色生态相互交融，一幅浪漫的景色。此前，这里还是一片闲置空地，近300米的围墙使它成了这座城市的“真空地带”，但经过整治，这里容貌大变样了。

“以前都故意绕开这一片走，晚上一个人走还觉得不安全。现在我是每天故意到这里来逛逛，环境好了，来这里休闲散步的人也多了，我还在这儿认识了新朋友呢。”张大姐谈起街区的变化滔滔不绝。笔者看到，在这片新打造的微型公园绿地场景里，有蜿蜒的慢行步道、错落有致的绿植，一簇簇盛开的鲜花在微风中摇曳，引来蝴蝶和蜜蜂追逐嬉戏，夏日的生机与活力尽显其中。

打开围墙，开放空间，让公园与市民更亲近。从茶店子路右转到五里墩路，伴随一路葱茏绿竹，便到了陶里小游园。“以前杂乱的环境变成现在的景色，真的打心底感到高兴。”看着身边一处处有形的变化，市民董先生感受到了深深的幸福感、获得感。在这里，精心设计的绿植呈现出高低错落的景致，小游园内还有一座陶艺博物馆，市民可以在这里欣赏陶艺作品，了解陶艺文化，甚至亲手制作一个陶艺物件。“道路名字体现了这里的内涵，你看这里处处都是和陶艺相关的元素，它们都在诠释着‘陶里’这一名字背后的含义。”

场景观察员：

在成都，越来越多的场景，通过“小而美”的改造，成为便捷开敞空间的微型公园绿地新场景。笔者从成都市城管委了解到，2021年，成都市共计1421个“两拆一增”目标点位，目前已完成点位242个，正在实施点位520个，已拆除违建面积1.3万平方米，拆除围墙长度2.8万米，植绿面积68.1万平方米，打开空间108.9万平方米。美好生活场景中，既要有颜值更要有温度，持续优化街区功能形态，让居民感受身边的“微幸福”，不断延展的城市绿地新场景，也让市民享有更多的绿色福利、生态福祉。

二 强化消费业态植入和天府文化展示

当前，各具特色的场景正在重新定义城市经济和生活，传统社区空间正向融地域、生活、情感、价值等于一体的场景延伸。成都正把场景营造作为深化城乡社区发展治理的着力点。

"两江环抱、三城相重"的天府锦城，是成都历史格局和风貌保留较好的文化本底，是成都加快建设践行新发展理念公园城市示范区重点打造的历史文化街区。成都正进一步增强历史文化保护传承的责任感和使命感，运用科学的方法，加快推进项目规划建设，打造成都人"精神家园"、天府文化走向世界的名片。

"回家的路不止一条，可我最爱走这条。"家住磨底河沿巷的市民冯小青对打造后的磨底河绿道赞不绝口，她说，绿道不仅为她提供了一条舒适美丽的回家路，还让她在家门口有了享受户外运动的生态休闲场景。走在青羊区打造的磨底河绿道上，颇具"文化范儿"的水岸让人眼前一亮。石人文化里的石人太极、禅茶一隅、碧溪垂钓、茶香渔趣等，金沙文化里的淘金记忆、金沙艺趣、论古台等天府文化都在这里得到了体现。

桥下流水潺潺，岸上花团锦簇，沿线设有驿站点位、花坛坐凳，随处可见正在跑步、健身、骑行的市民……目光所及之处，俨然一副人与自然和谐相处的美好景象。磨底河绿道（送仙桥—三环路段）以送仙桥为起点，至三环路止，全线总长 6.7 公里。在绿道建设中，还利用街边开阔地带设置了十个休憩驿站，秉承小型化、便利化的布局特色，融合周边环境风貌，场景结合亭、台、楼、阁、牌坊等构筑，成为集休息娱乐、文化展示等服务功能于一体的新场景，让市民走一条绿道，可享生态、文化双重幸福。

"磨底河绿道将串联轨道交通公交站、医院、住宅小区，全新的绿色空间场景将充分嵌入市民美好生活之中。"青羊区相关负责人介绍，通过改造将把市民上下班、上下学、每天都在走的路，打造得美丽、舒适、温暖、安全，成为一个具绿色空间与天府文化展示于一体的公园绿地场景。

“这里简直成了我们家的后花园，每个周末都必来‘打卡’。”在新都区锦水苑滨河绿道公园，笔者遇到了带着一家老小来这里享受周末时光的周君云，“一家老小，在这里一玩就是一天，大人可以逛书店、花店、商店，累了可以去咖啡馆坐坐，娃娃可以去篮球运动场、儿童游乐园，老人可以在绿道散步娱乐，大家来了后都能找到适合自己的场景。”

锦水苑滨河绿道公园东至蓉都大道，西至川陕路，北接锦水苑小区和富力桃园小区，西侧接至地铁3号线锦水河站。新都区公园城市建设服务中心工作人员介绍道，在绿道合适的位置，把“三店一馆”（书店、花店、商店及咖啡馆）作为生活场景的基本配置，篮球运动场、生态停车区、儿童游乐组团等运动娱乐场景也在这里有了呈现。“逛市场、喝咖啡、游绿道、邻里社交、儿童游乐、运动锻炼，六大生活场景都将在社区绿道中串联起来。”

“这个就是原来那个纸箱厂啊？完全认不到了！”许慧茹阿姨说，她在东门住了多年，也算是一个“老成都”了。“猛追湾，没得哪个成都人不晓得。以前每到夏天，我就经常蹬着自行车，带娃儿来游泳。”许阿姨的爱人张叔叔说。但时隔多年，许阿姨一家再次来到猛追湾时，却变成一副游客模样，在猛追湾边逛边聊，还时不时拍照。“中午就在新开的那家店吃饭，下午在河边上喝茶。这儿真的还可以。”

许阿姨说的纸箱厂，和它旁边的老成华国税楼，现在已经被打造变身成了城市新场景。老成华国税局的办公楼目前已成为集“猛追湾故事馆”“几何书店”“共享办公”多种业态于一体的新场景。“20世纪60年代，一些大单位从全国各地迁到成都东郊，相继修建起许多工厂，十几万科研人员和生产工人从东西南北而来，让各地习俗和成都本土风俗相融合，生出了猛追湾的别样烟火。而这些时代的缩影，在猛追湾故事馆中通过模型展现了出来，让市民在逛天府绿道的同时，有更多可观、可感的历史记忆。”成华区猛追湾片区城市更新相关负责人表示。

夜幕降临，锦江两岸的街灯逐渐点亮，氤氲的香气从香香巷颇具川西建筑风格的窄巷中四散开来，伴随着霓虹闪烁，随手一拍都是电影般的感觉。坐在长条木凳上，来自杭州的游客刘雨擦了一下额头上的汗，又拿起一串辣卤大快朵颐。一街之隔的望平坊内传来一阵喝彩掌声，梅花川剧团内锣鼓琴笛、唱腔流转，一张张浓墨重彩的脸谱变化自如，一招一式展示着川剧变脸的神奇和无穷魅力。“和朋友选择到香香巷，主要是因为这里有很多成都美食。我们简直是一路走，一路吃。”刘雨说。在 2020 年“十一”黄金周，天府绿道上的香香巷、望平坊、滨河商业街成为“网红打卡地”，丰富多元的消费场景，吸引着来自四面八方的游客。（见图 5–6）

图 5–6　猛追湾市民休闲街区香香巷美食街

场景观察员：

城市街区是最能体现人民群众获得感、归属感的地方，其功能可以延伸到生活、通勤、休闲等各种生活场景。成都正在着力构建慢行优先、绿色低碳、活力向上、智慧集约、界面优美的社区绿道网络体系，营造具有温度的人性化街道空间，切实提升群众获得感、幸福感、安全感。

第五节

时尚优雅：天府人文公园场景

文化，是一座城市的独特印记，更是一座城市的根与魂。成都是一座拥有2300多年建城史的历史文化名城，在长期的建设发展中，孕育积淀出思想开明、生活乐观、悠长厚重、独具魅力的天府文化特质。我们要传承历史文化，弘扬现代文明，让天府文化成为彰显成都魅力的一面旗帜。

成都，既有现代都市的快节奏，又有休闲城市的慢生活；既有传统文化的优雅从容，又有现代文明的前卫时尚；既有崇尚创新的基因，又有兼容并蓄的气度；既有聪慧勤巧的秉性，又有友善互助的美德。

努力用生活城市的品质留住人、用公园城市的影响吸引人、用天府文化的魅力激励人。面向未来，成都将形成“开放创新文化”相协调的公园城市发展动能。开放创新是成都未来发展的最大变量，天府文化是成都走向世界的独特名片。

从34平方米到100平方米，3年时间，陈铮的工作室规模扩大了2倍。他的业务也从单纯的摄影，拓展到了策划、包装、拍摄、制作一条龙。工作室的展架上有一块区域，存放了一沓厚厚的照片，记录下陈铮与成都3年来的成长。陈铮的老家不在成都，大学毕业后选择留下来。在他看来，成都建设公园城市，除了“宜业”的环境，更带来了“宜居”的氛围。

“作为一名摄影师，我去过很多地方，工作原因需要我常年到各地去取景创作，然而最终我还是选择把家安在成都。”谈起留在成都的原因，陈铮谈得最多的一个词是“人文”，“人文是一种摄影的题材，而成都通过建设公园城市，让这座城市充满了‘天府人文’的元素。这座城市别具一格的时尚感和包容度，是在很多城市都难以体会到的。”

在四川大学文学与新闻学院教授易丹看来，优雅时尚的天府文化，是成都土壤无法割舍的一部分。主动担当公园城市首提地和全面体现新发展理念城市首倡地的政治责任，成都大胆闯、大胆试。围绕服务"人"、建好"城"、美化"境"、拓展"业"等方面，积极探索公园城市示范区建设。公园城市为成都涵养了生活美学，刷新了城市品牌，让城市自然有序生长。

一　特色街区：历史文化场景构建

"天府之国"有着茂林修竹、美田弥望的自然生态美，4500多年的街坊里巷传承着历史人文美，天府文化呈现出优雅的时尚美。这一切都源于锦江、形成于锦城。规划建设"八街九坊十景"为支撑的天府锦城，就是要让广大市民了解天府文化的源头，了解城市精神的传承，更好保护传承成都历史文化。

成都正进一步盘活街坊里巷，提升商业业态，培育高端化与大众化并存、快节奏与慢生活兼具的消费场景，让消费者感受蜀都味、国际范儿的公园城市生活魅力。

在网络上，曾有一个名为《行走招募：带你穿越老成都慢生活，让有趣的灵魂一起喝茶吃火锅》的帖子，吸引了不少人的注意。帖子中说："城市中的一条一条街巷，一座一座建筑构成了一个城市的总体印象，反映着一个城市的基本特征，每一条街巷都是社会和时代的标志，是后人阅读一座城市故事最好的篇章……要不要一起到成都的老城老街里走走，发现成都，认识不一样的成都？"活动组织者介绍道，现在成都的变化很大，这个活动的主题就是"逛游成都"，其中选择的点位包括成都一些蕴含历史人文气息的街区。而在报名者中，除了成都人，也包括部分游客。"对于游客而言，他们需要一个有趣的方式，深度了解成都，走进能突出成都特色的地方，无疑是一个很好的选择。"

"大川巷很不错，虽然不长，但可以看的东西还挺丰富的，逛累了就在这里喝个咖啡，很舒服。"在大川巷，笔者遇到了和闺密从西安到成都过周末的林逸澜。她们一路走、一路拍。有时是拍风景，有时是相互拍。"待会儿在这里喝个咖啡，在附近吃个饭，然后晚上到旁边的兰桂坊去打卡。”林逸澜已经安排好接下来的节目。到消费场景多元与历史文化、颜值格调兼具的特色街区走一走，逛一逛，品品美食，喝水泡吧，不仅是现在不少成都人过周末的选择，也是一些外地游客“逛游成都”的一大新内容。

“往年在老家过年，亲戚间互相走动，少不了大吃大喝。而今年在成都过年，有着不同的春节体验。”市民刘勇大爷端着茶，翻着手中的报纸告诉笔者。2021 年大年初二，笔者路过茶悦麦方枣子巷店时，看见门前市民三三两两围坐一桌，喝茶聊天晒太阳，显得特别的悠闲惬意。漫步在枣子巷，街道干净整洁，两旁的居民小区外墙各具特色。街头挂满红灯笼，节日的氛围弥漫街区的每个角落，各类特色消费场景吸引了众多游客和市民，一派热闹景象。（见图 5–7）

图 5–7　枣子巷的浮雕，让人仿佛穿越时空

枣子巷作为天府锦城“八街九坊十景”之一，经过改造升级成为集人文活力、绿色智慧为一体的中医药文化特色街区。在新年里，枣子巷多了一处景观，红色镂空牌坊的两侧挂着灯笼，中间是一张张印有灯谜的纸片，不时有行人驻足在这里猜谜，体验民俗风情。“在这里，有看的、有吃的、有玩的，让我们外地游客充分感受到了天府文化的魅力。”来自上海的游客钱苏珺讲道，虽然这条街不算长、不算宽，但足够用半天的时间慢慢感受。

推动街区人文转变是枣子巷的一大亮点。在街区入口处，架设的"枣子巷"特色牌坊成为"网红打卡地"，在西安中路一巷、西雅图酒店、枣子巷13号院和枣子巷15号院分别搭建270余米特色廊道，营造商业场景；沿街设置2处中医药文化墙，在2处小游园增设"妙手回春""悬壶济世"绿雕，彰显着街区的中医药文化底蕴。

"对于步行街而言，文化需要传承与保留，对于传统和创新，应该寻找更好的结合点。"枣子巷街区相关负责人说道，枣子巷作为中医药文化街区，引进了同仁堂、盛元堂、四川中医药产业发展平台、科盟集团、德仁堂、杏林春堂等10余家中医药文化品牌入驻，营造出了氛围浓厚的中医药体验场景。也正是因为独有的中医药文化特色消费场景，"流量"给商家带来蓬勃生机和发展机遇。枣子巷76号四川杞正堂中医药有限公司，主要依托中国枸杞研究院科研成果转化，开发生产宁夏中宁枸杞及系列衍生产品。"枣子巷中医药文化街区开街以后，迅速窜升成为网红街区，许多游客和市民慕名而来，人流量大了，我们的产品销售量也上去了。"四川杞正堂中医药有限公司相关负责人说。

笔者了解到，枣子巷中医药文化特色街区将枣子巷周边1.52平方公里纳入打造范围，有机串联宽窄巷子、寻香道、青羊宫、永陵、成都工业学院等，打造"泛宽窄巷子成都市井文化、枣子巷医养游、西安路美食、永陵古乐、王家巷工业设计+文创"五大主题消费场景。

场景观察员：

成都正在实施打造的天府锦城项目，规划了"八街九坊十景"，对街、坊、景进行功能业态植入、景观提升、交通改造。目前已亮相的猛追湾、枣子巷、大川巷，正是"八街九坊十景"中的项目。它们可以说是成都3.0版特色街区，已经逐渐成为城市消费新IP。何谓成都3.0

版特色街区，建设公园城市示范区，成都提出街区打造要在对文化历史的挖掘与再现上，更具设计感与现代感，更加注重突出独有的元素。在追求高颜值的同时，街区将植入多样的业态，来支撑多元的消费场景。

二　都市商圈：时代风尚创意设计

成都是西部消费中心和西南生活中心，是世界上第一张纸币“交子”的诞生地。交子公园商圈位于成都中心城区南部、锦江两岸，西至益州大道、东至锦华路、北至府城大道、南至天府一街，以金融城为核心，总面积约 9.3 平方公里。在概念策划中，片区对标新加坡滨海湾、东京银座以及上海陆家嘴等以金融为特色的世界知名商圈，布局了 3 大商业集聚区、10 大购物中心、5 条商业街、5 个特色街区和 9 个公园消费体验点。

世界级商圈离不开引领消费潮流的业态。成都始终坚持国际眼光、世界标准，加强与全球领先的金融类、时尚类、消费类企业合作，向前看、向远看，创新布局更多新场景新业态，让广大市民、游客在这里享受简约的生活方式、品味独特的历史文化。

工作日里，年轻、专业的金融精英扎根在各个金融机构里为梦想拼搏；休息时间，注重享受生活、喜欢个性体验的他们在离办公楼不远的商场里购物、约会、阅读、娱乐；走出商场，附近的文化艺术中心和艺术博物馆又让精神得到满足；绿意浸染的公园也近在咫尺，沿着绿道逛过去，心情不知不觉变得惬意；夜晚在灯光秀的渲染下，还能体验先锋文化潮流娱乐……这样的场景并非想象，而是在蓉城之南、锦江两岸，逐渐成为现实。

“从发展趋势来看，交子公园商圈已日渐成为高端服务业承载地和高素质人口聚集地，商业硬件基础坚实，正在吸引越来越多的国际知名品牌进驻。”作为交子公园商圈的“概念性策划参与者”及“产业规划编制者”，仲量联行中国区战略顾问部总监徐岱雄认为，交子公园商圈已经初步具备了建设第二个世界级都市商圈的基础条件。

一千多年前的北宋时期，在经济繁盛、文化包容、社会诚信、勇于创新的区域文化特质下，交子——人类历史上的第一张纸币在成都诞生。跨越历史的长河，成都这座古老的城市不断发展。不变的，是两千年来未曾更改的名字和城址；改变的，是城市样貌的大幅提升和经济社会的高速发展。

"在充分借鉴世界知名商圈成功经验的同时，我们希望结合本地特色，打造聚集新金融新科技新财富的创意之都、实现生态公园与商圈共融的国际消费新标杆、感受国际时尚精致生活方式的新天地、体验先锋文化潮流娱乐的目的地，构建创新驱动的消费供给模式，塑造'成都休闲''成都服务''成都创造''公园＋消费'的城市品牌，打造国际消费创新创造中心。"成都市规划和自然资源局副局长曾九利说，未来的交子公园商圈，拥有着显著的"后发优势"——作为2022年成都初步建成国际消费中心城市的重要载体，交子公园商圈将打造为国际消费中心城市功能区，国际旅游目的地的承载地以及公园生态价值转换的典范，成为世界知名公园式商圈。

"交子公园商圈从规划之初就与其他商圈不同，以春盐商圈为例，从总体定位上来看，它是成都传统城市的品位区，侧重商务服务、零售商业、文化传媒等场景，以生活消费、休闲购物本地客群为主，是多种形态高度聚集的商业片区。而交子公园商圈是成都未来城市的体验区，侧重总部金融、金融科技、科技研发等高附加值产业场景，以商务人士、年轻创业人群为主，是融合多种形态的公园式商圈。"曾九利介绍，未来春盐商圈和交子公园商圈将会形成差异发展、优势互补的商圈消费布局，为加快建设国际消费中心城市奠定基础。根据相关统计数据，交子公园商圈所在的交子公园金融商务区聚集了大量金融及相关配套产业的"新成都人"，他们大多为高学历的年轻人，抚养负担轻且消费空间大。另外，快节奏、高视野和高社交频次等特征也较为明显。

如果说商圈是快节奏的享受，商圈中的公园概念则意味着把商圈打造成公园，既能感受到商业的热闹非凡，也能体验环境的绿意盎然，既有快节奏，又有慢生活。生态公园与商圈共融，2021 年开工的成都 SKP 项目最具代表性，项目不仅全部为地下空间开发利用，地面今后也将打造成城市景观公园。“成都是中国最具有潜力的时尚高地，是一个正在向国际消费中心迈进的城市，为 SKP 进一步发展提供了难得的机遇和广阔的空间。”北京 SKP 相关负责人对交子公园商圈的未来充满期待，“在这里，我们有信心将成都 SKP 建设成世界级的时尚生活目的地，为成都注入经济活力、创新力和竞争力。”

从北京来成都出差的张雷用三个词语总结着他对交子公园商圈的感受:“时尚、简约、愉悦。”新消费时代浪潮下，成都正通过公园式商圈打造，创新布局更多新场景新业态，让广大市民游客在商圈里享受简约的生活方式、品味独特的历史文化，打造引领时代消费潮流的都市级商圈。（见图 5-8）

图 5-8　交子公园商圈

场景观察员：

如此依托交子公园商圈，成都 SKP 结合本地文化和城市特色，融入了更多创新的高品质消费场景，目前正在加快建设。成都是中国最具有潜力的时尚高地，是一个正在向国际消费中心迈进的城市，为 SKP 进一步发展提供了难得的机遇和广阔的空间。时尚、简约、愉悦……新消费时代浪潮下，交子公园商圈正通过创新布局更多新场景新业态，让广大市民游客在这里享受简约的生活、品味独特的历史文化，打造引领时代消费潮流的都市级商圈。

第六节

创新活跃：产业社区公园场景

蜀郡守李冰顺应自然、师法自然修建举世闻名的都江堰水利工程，造就了农耕文明时代的"天府之国"。隋唐以来，逐渐形成的"三城相重、两江抱城"的独特城市格局，促进了商业繁盛，成就了"扬一益二"的美名，反映了古人因天时就地利的筑城智慧、人与自然和谐共融的营城理念。历经数千年时光淬炼，今天的成都，现代社会的快节奏与休闲之都的慢生活完美融合，优雅时尚与乐观包容交相辉映，连续 11 年蝉联"中国最具幸福感城市"榜首，是一个"来了就不想走的城市"。

公园城市是新时代城市发展的高级形态，是新发展理念的城市表达，是城市文明的继承创新，是人民美好生活的价值归依，是人城境业高度和谐统一的现代化城市，具有极其丰富的时代内涵。

"公园城市建设不仅需要高品质空间，也需要强大的产业支撑。"上海同济城市规划设计研究院城市设计研究院常务副院长、教授匡晓明斩钉截铁地道出了成都建设践行新发展理念公园城市示范区的根基。

人是产业发展的第一要素。最新的数据显示，成都全市常住人口首次跨过 2000 万的门槛，达到 2093.78 万人，城市人口规模位列全国第四，较 2010 年相比增加了 5818917 人。大量人才成为“新成都人”的背后，离不开成都良好的产业环境、舒适的生活氛围、高效的市政服务、便利的基础设施等，构建起了一座宜居宜业宜商的城市。

目前，成都正用公园形态重构产业和生活空间，统筹孵化载体、生产车间、商务楼宇、人才公寓等硬设施和公共服务、休闲娱乐、社区生活等软环境，努力呈现新时代中国城市的社区样本。成都坚定“人城产”的营城逻辑，在加快建设全面体现新发展理念的城市指引下，将实现“人城境业”的和谐统一，打破过去“产城人”的旧有模式，探索全新的“人城产”之路。

一　宜业：生态化生产环境

成都正着力统筹空间、规模、产业三大结构，在公园中营建城市，以大尺度生态廊道区隔城市组群，以高标准生态绿道串联城市社区，推动公共空间与自然生态相融合，引导城市人口、生产力、基础设施和公共服务等合理布局，实现城市精明增长和高质量发展。

公园城市理念正引领市民生活方式变革，统筹生产、生活、生态三大布局，引导城市发展从工业逻辑回归人本逻辑、从生产导向转向生活导向，全面推广绿色出行、简约生活，推动现代城市生活与节约社会理念相得益彰，让市民静下心来、慢下脚步，亲近自然、享受生活。

“集成测试平台、人才培训平台、集成电路产业技术研究院、孵化器……在这里一应俱全。”初秋的早晨，高新西区的成电国际创新中心内的“芯火”双创基地西区中心，一片忙碌景象。忙碌，但十分有序。因为这里产业细分、功能匹配、空间聚集。

“芯火”双创基地西区所在地，是成都率先启动建设的产业社区。这片区域也承载了成都近 90% 的集成电路企业。通过科学的顶层设计，这里实现了产业成链聚集，对细分产业精准施策。更重要的是，对呈现不同发展业态、发展阶段、发展能级的电子信息细分产业，及其从业人口精准匹配城市功能。

2020 年，成都市城乡社区发展治理工作领导小组发布了《成都市公园社区规划导则》，这是全国首个公园社区规划导则。成都将公园社区划分为"城镇社区、产业社区、乡村社区"三大类型。在产业社区方面，导则提出，依托产业功能区，以各类公园和开放空间统领产业社区空间格局，融入社区配套设施与服务，通过对生产、生活、产业展示、公共交往等空间的园林景观风貌塑造，营建环境友好的生态场景、简洁清爽的生产场景、宜居共享的生活场景。

青山如黛，河畅水清；高楼林立，公园清幽……随着天府新区高标准建设美丽宜居公园城市的轮廓越来越清晰，漫步兴隆湖旁的鹿溪智谷绿道，已是绿树成荫，鸟语声声。"这里正以近自然化的生态本底推进项目建设，正加快构建公园 + 未来产业、公园 + 未来生活、公园 + 未来形态、公园 + 未来技术的产业社区公园场景。"天府新区自然资源和规划建设局相关负责人介绍，43% 的生态空间、31% 的生产空间、26% 的生活空间，鹿溪智谷的总体空间格局"绿"字当先、三"生"相融。

既然是智谷，"智"在何处？笔者了解到，当前，鹿溪智谷正以河道为轴线、湖泊为节点，加快建设以新一代人工智能产业为主要方向的高技术服务产业生态带，成都超算中心、中科院成都科学研究中心、海康威视成都科技园等项目加速推进，沿河谷布局形成独角兽岛、数字湾、智慧坊、科创园、国际港、绿色谷、未来村七片产业社区场景，形成"一谷七片"组群结构。"在这里，无论产业项目大小，每个项目在规划建设时，都必须设置一条面向公众开放的绿道，由此让整个鹿溪智谷形成连贯的绿道体系，提升公园城市的体验感。"天府新区自然资源和规划建设局相关负责人向笔者介绍道。

来到郫都区，春日里的清水河生态艺术公园内洋溢着温暖的气氛，清新的空气里，弥漫着鲜花的香甜。闲暇时，旷视成都研究院院长刘帅成会在清水河公园走走，放松疲惫的身心。“花园里办公，园林里创业，这里生长起电子信息产业新城。”看到郫都日渐优美的生态环境、不断聚集成链的电子信息产业，他喜上眉梢，“在电子信息产业功能区（郫都区）投资创业，在花园般的环境里工作生活，我们真是选对了地方！”

沿着郫温路走进电子信息产业功能区（郫都区），产业社区场景生机勃勃。绿草茵茵的清水河公园旁，电子信息标准厂房、菁蓉湖项目正在加快建设，有轨电车缓缓驶过。创客公园里，拓米国际、旷视 MEGVII 的研发人员一片忙碌。“这里有氛围、有生态、有沃土。”刘帅成曾经留学花园城市新加坡，如今也对这里生态般的创业环境赞誉有加。

除了近在咫尺的清水河公园，还有遵循国际化标准，按照川西园林风格设计，在菁蓉镇建设的全国首家生态园林型创新孵化载体——创客公园，这里绿树成荫，鸟语花香，绿地率达到一半。

场景观察员：

2018 年初以来，成都先后多次召开产业功能区及园区建设工作领导小组会议，在研究促进产业功能区建设的同时，也回答了产业功能区与社区之间的关系，对产业社区建设的思路更清晰、路径更明确：将公园城市营城模式落实到城乡社区，建设集人文景观、居住消费、生态体验、生产研发等多种功能于一体的新型社区场景，构建空间可共享、绿色可感知、建筑可品鉴、街区可漫步的公园社区聚落，实现社区与产业时序上同步演进、空间上有序布局、功能上产城一体。

二　宜居：开放式生活空间

公园城市的本质在于提供有价值的生活方式。在成都，优质绿色公共服务供给正引领形成绿色生活方式，充分彰显公园城市绿水青山的生态价值、诗意栖居的美学价值、以文化人的人文价值、绿色低碳的经济价值、简约健康的生活价值。

开放正成为公园城市的独特性格，成都将以国际交往中心为目标，以开放合作的姿态在全球寻找友好城市、城市合伙人、战略合作者，顺应市场规律实现互利共赢，遵循商业逻辑推动模式创新，共同探索以公园城市理念推进新城精明增长、旧城有机更新、片区一体开发、场景立体营造，共同分享新时代赋予的发展机遇，共同描绘高颜值、生活味儿、国际范儿、归属感的公园城市美好画卷。

曾经，长满杂草的荒山荒坡，披上了绿装，花草树木错落有致，亭台楼阁坐落其间，三座山丘间的谷地，经过整治变成了湖泊，蓄上了水，轻风拂过，微波荡漾，环湖绿道上游人漫步其间……这一幕，是笔者在简州新城着力打造的简州人才公园中看到的场景。"人才公园以简州历代英才为脉络，结合绿道和景观进行集中展示，以新时代新人才观为主题，激励各类人才。"简投集团现场项目负责人说。

从产城人到人城产，人的重要性被放在了第一位。在淮州新城，风景绝佳的半岛地段，留给了人才公寓——奔流千年的沱江，在此拐了个接近90度的大弯，这里将是淮州新城未来的城市核心区。正在加紧建设的人才公寓，按照现代化、国际化的标准进行设计建设，考虑了从青年人才到专家公寓等5种户型，人才可直接拎包入住。

来到郫都区双柏社区，浓浓的"国际范儿"就扑面而来。道路两旁有双语标志路牌，公园里伫立着无人超市，社区里开设了国际服务窗口，除了每周三固定的对外汉语课堂，周末还有高人气的"詹叔英语沙龙"。周二周三晚上，则分别是日语课和韩语课。"将产业功能区打造得如同生活社区一般，这既是建设产业功能区的要求，也是如今大家在实践工作中的共识。"在成都电子信息产业功能区（郫都区）工作推进组综合部部长、成都现代工业港管委会主任景硕看来，只有让人才生活无忧无虑了，才能真正地将产业功能区打造好。（见图 5-9）

图 5–9　东部新区配套建设的人才公寓

笔者了解到，人才最为关心的教育、医疗等配套设施也在不断完善。简州新城与石室中学达成合作，建设一座由石室中学领办的 K12 学校，同时与市医疗投资集团、市二医院共同推进简州新城医院项目的建设；在电子信息产业功能区（郫都区），将启动北部新城学校一期等 9 个教育类建设项目；在成都医学城，作为园区的重点教育配套设施，成都东辰外国语学校项目已全面完成 20 万平方米的主体工程，建成开学后，这里将可容纳约 8000 名学生就读；在欧洲产业城，“蓉欧”智谷总部大楼、人才公寓、三甲医院、“一带一路”职业培训学院、国际社区及商业配套规划和建设正如火如荼地进行……

在成都各产业社区，围绕居民生活需求，正逐步构建起社区生活性服务业完善的产业链条，打造 15 分钟社区生活服务圈。“我们将引进培育品牌化、连锁化、智慧化社区生活业态，大力发展补链型、提升型社区生活性服务业，促进多层次、全时段的社区消费，满足专家人才、产业工人等群体的多元化生活需求，培育产业社区生活服务新场景、新业态、新模式。”成都市委社治委相关负责人介绍道。

时尚潮流、活力共享的服务；开放包容、友善公益的文化；透风见绿、环境友好的生态；集约高效、品质宜人的空间；创业孵化、技能升级的产业；社企联动、融合治理的共治；科技引领、虚拟家园的智慧……要实现《成都市城乡社区发展治理总体规划（2018—2035年）》描绘出的产业社区发展治理场景，共建共治共享是重要抓手。

在位于成都天府国际生物城中心区域的凤凰里高品质国际化产业社区，平台共建带来62项高频事项自主办理；多元共治让社区成为发展治理共同体；发展共享打造出"10分钟生活服务圈"。当地的政务中心与双流高新政务服务中心、永安镇便民服务中心形成三级衔接、独立运行的政务服务模式，可自助办理规划建设、工商注册等高频事项，在全市率先实现办事不出功能区；社区、企业双向互动机制，调动起企业职工参与社区治理的积极性；26.5万平方米的条条河湿地公园城市生态绿心，企业和居民子女同堂入学，年内即将建成的京东方医院和2.3万平方米商业街……实现了优质环境、教育、医疗和配套的共享。

场景观察员：

在产业社区建设中，聚焦"共建共治共享"，将通过举办企业沙龙、专业交流、文体赛事等活动，加强社区、企业、员工之间的沟通联系，鼓励社会组织、社区社会企业、集体经济组织等社会力量积极参与产业社区发展治理，营造人文和谐、包容开放和富有亲和力的社区氛围。同时，充分发挥党建引领作用，着力构建云端集成、智慧生活、科技时尚的小区服务场景。

专家点评：

成都公园城市建设实践的核心理念主要有三个方面：人城境业协同发展的公园城市理念、自然系统生态价值的多层级融合和五态合一的多元场景体系的创新。场景既是公园城市空间最重要的地域空间单元，又是以自然系统为基础，融形态、生态、业态、文态、神态于一体的生活空间体系、产业空间体系、文化空间体系、景观空间体系和需求适应体系，展示的是城市景观多样性、生活多样性、魅力多样性、活力多样性，同生物多样性自然系统多元格局的和谐共生。成都公园城市发展进入生态文明建设的新阶段，生态价值真正转化为城市发展的新引擎新动力。

——同济大学吴承照教授

了新的、更大的历史机遇。成都抓住国家战略的机遇窗口，坚持以人民为中心，依托自身发展基础与传统特质，吸收国内外前沿城市的创新做法，面向技术变革的未来趋势，进一步升级营城策略，将“场景营城”确立为城市战略主轴，推动营城思想从“城市场景”向“场景城市”跃迁，这一探索堪称国内外营城思想与策略的前沿创新。

那么，为什么是成都提出了“场景之城”的发展愿景和营城思路呢?经过长期调查研究和分析思考，笔者认为这是由以下几条显著的主客观因素所决定的。

第一，坚持以人民为中心的执政理念，站位国家战略、思考时代命题，系统思索和回应人民对美好生活的新需求与新期待，积极寻找城市高质量发展的新模式新路径。这是成都开展场景营城体系化探索的出发点和落脚点，是一系列政策做法创新背后的根本目的和价值追求。从根本上回答了成都为什么要建设场景之城，成为一以贯之的主线和“指南针”。

第二，发挥后发优势，坚持世界眼光，积极借鉴国际国内前沿理论与经验。场景理论是对西方前沿创新型城市近年来发展趋势与经验的总结，具有前瞻性、通用性、规律性，成都积极借鉴这一理论成果并结合中国国情、成都市情加以拓展，体现出一座城市的理论品格、开放视野和创新追求。这一点从经验借鉴的角度回答了今日的成都为什么能够建设场景之城。

第三，传承天府文化神韵，实现历史积淀与城市性格的时代拓展。历史上，天府文化滋养了对美好生活的强烈追求和热情创造，这与今天的时代需求、营城逻辑变迁、场景创新等趋势和规律高度契合共振。这一点从文化基因的角度回答了今日的成都为什么有文化基础来建设场景之城。

第四，城市综合实力提升与承担国家战略的跃迁需求。经历新中国成立以来几个历史阶段的发展，特别进入新时代以来，成都城市综合实力与竞争力迅速提升，具备了向国际营城思想与策略前沿乃至“无人区”开拓探索的实力与底气。同时，进入全球城市网络高层级位次后，要实现进一步的能级提升，首先要求营城思想与理论层面的突破。这一点从发展实力和战略需求的角度回答了今日成都为什么有实力也有迫切的需求提出建设场景之城。

第五，中国特色社会主义的独特制度优势是中国城市探索场景营城的关键因素。国际上场景理论的提出更多是基于对前沿城市发展趋势的经验性总结，并没有成为一种具有很强主观能动性的营城策略。而以成都为代表的中国城市敏锐发现了这一趋势和理论，进而，基于党的集中统一领导和社会主义制度优势，积极发挥统筹各方、统揽全局、战略引领的作用，整体性推进场景营城的开展，从而将偏重城市微观和中观空间层面、侧重消费娱乐体验领域的场景理论进一步拓展到城市的中观与宏观层面，将国际上以市场驱动、微观主体为主推动的场景趋势和现象拓展到市场与政府双轴驱动、跨领域、多层级整体推进的营城战略和政策体系中。这一点从制度优势的角度回答了今日成都为什么能建场景之城。

第六，城市领导者创新性贯彻新思想，特别是五大新发展理念的战略谋划和政策创新能力。新发展理念是一个有机整体，具体地域、领域、城市在贯彻过程中需要因地制宜将之融会贯通，转化为各自的路线图和施工图。成都创造性谋划新发展阶段的城市发展战略，经过摸索和实践，逐步找到了“场景营城”这样一条发展路径。这一点回答了今日之成都提出建设场景之城的关键能力——融会贯通新发展理念，发挥主观能动性，在城市尺度上提出系统方案。

综上所述，成都建设“场景之城”既是时代的需求，也是本身城市特质的延续和发扬，具备一定的国际国内相关理论、经验基础，但更是战略谋划和政策创新能力的集中体现。从理论视角看，这一创新基于三个方面的坚实基础：一是承续城市发展与营城思想演变的千年历史气韵；二是秉持对标国际前沿的世界眼光，承担国家使命、回应时代需求，积极探索在城市尺度上融会新发展理念的营城方案与路径；三是坚持以人民为中心，坚持系统观、整体观，推动城市的进化。

第二节

历史气韵：承续城市发展与营城思想的“双螺旋”演进脉络

回望数千年城市发展史，城市在不断发展，而其背后的营城思想也在不断演进。其基本规律是，城市发展到一定阶段，在特定的技术约束和社会条件下，营造城市的思想会在某一时间节点出现跃升，引导城市向前发展。城市继续向前发展到一定程度，由于新技术的进步、产业的发展、生活形态的变化，上一轮的思想又不能完全适应城市发展的需求，因此又产生新一轮变革的潜力。城市发展及其营造思想的互动，正体现为这样一种类似“双螺旋”的结构。

约 6000 年前人类早期城市在两河流域诞生，这是目前考古学界较为普遍的认识。然而，人类产生较为系统的营城思想要到雅思贝尔斯所称的人类文明发展的“轴心年代”。两千多年前，中国古代先哲在《周礼·考工记》《管子》等著作中提出了较为系统的营城思路，将良渚、陶寺、二里头等遗址中所呈现的早期城市营造经验固化下来，奠定了中华文明城市发展的重要文化基因，成都地区的三星堆、金沙文化与此阶段对应。在西方，古希腊哲学家柏拉图提出了“理想国”这一设想，思考了“如何将理想城市凝聚在一起”（芒福德语，1922 年）。在这些思想引导下，东西方出现了第一轮城市繁荣，代表性城市如西方的古希腊、古罗马时期的雅典、罗马，东方的汉长安、洛阳等，因“一年成聚、两年成邑、三年成都”而得名的成都也在这一时期建城。

从千年尺度看，人类城市发展以亚洲城市特别是中华王朝都城为代表，如隋唐长安、宋汴梁（开封）及其后的元大都、明南京及明清北京等。西方中世纪时期也出现一些代表性城市，但对比东方大城市而言相对逊色。“九天开出一成都，万户千门入画图”，正是这一时期的美好写照。

从500年尺度看，伴随着大航海及后续的资产阶级革命、思想领域的文艺复兴运动、宗教改革运动、启蒙运动等，西方城市思想出现跃迁。托马斯·莫尔接续“理想国”的脉络，发展了空想社会主义并引发系列实践。18世纪的工业革命是人类发展历史的关键一跃。至此，城市化进程大大加速，城市体系快速发育，不同类型的城市“物种”持续涌现，与此同时，也导致经济、社会、健康卫生等方面的诸多问题，逐步积累了现代城市规划出现的各种条件。19世纪末，霍华德提出田园城市理论，西方城市规划与营城思想迈入现代阶段。

进入20世纪，各种各样的理想城市设想与模型持续涌现，堪称城市营造思想的“大爆炸”。从20世纪初田园城市理论发展并实践，到适应工业化时代的雅典宪章、柯布西耶的明日城市，到赖特的广亩城市设想，沙里宁的有机疏散思想，到反思工业化现代化的马丘比丘宪章，再到生态可持续导向的精明增长、新城市主义、生态城市、海绵城市等，同时还有全球化深度发展所激发的全球城市、世界城市等，分别从某个角度或整体性构想的思路提出了营城思想方案。

百年以来，特别是改革开放后，中国的城市发展实现了“压缩时空”式的跃迁。党的十九大报告做出权威论断：中国特色社会主义进入新时代，我国社会主要矛盾已经转化为人民日益增长的美好生活需要和不平衡不充分的发展之间的矛盾。对应城市而言，就是要不断探索满足人民美好生活需求的发展路径。在此背景下，近年来，面对新一轮科技产业革命的机遇，基于综合国力提升与制度优势的有利条件，若干前沿城市开始探索“未来城市”的发展路径。可以说，今日之中国呼唤面向未来的营城思想与策略方面的广泛创新，而在这一新赛道之上，成都正在跑出加速度。

第三节

世界眼光：推动从城市场景到场景城市的营城模式革新

建设“践行新发展理念的公园城市示范区”成为在全面建设现代化国家新征程中赋予成都的一项“时代课题”，也是中国在建设现代化城市进程中期待涌现的有鲜明时代特色和竞争力的“成都方案”。面对这样的历史任务，近年来成都与时俱进，坚持世界眼光，对标国际前沿城市，吸收借鉴国内外前沿理论创新成果，不断提出基于中国国情、城市特质的时代表达。

场景理论就是成都积极借鉴的国际前沿理论成果。当前，全球发达地区的城市与社区都在发生着迅速的变化，其中最引人注目的就是向各具特色的场景转变，未来人们将超越具体的功能地点而更多生活在场景之中。哈佛大学城市经济学家格莱泽在《城市的胜利》一书中提出，若干工业锈带城市衰落，而伦敦、旧金山和巴黎等保持了繁荣发展，原因就在于人们把它们看成适宜居住的地方。这些地方拥有丰富的消费场所，包括饭店、剧院、喜剧俱乐部、酒吧和各类接近性娱乐等。芝加哥大学的场景学派进一步将这一趋势提炼为“场景理论”。“场景是一种非常新的城市理论，场景理论中的‘场景’一词，来源于电影专业术语‘Scenes’，指包括对白、场地、道具、音乐、服装和演员等在内的元素构造的，影片希望传递给观众的信息和感觉。在场景中，各个元素是相互有机关联的。《场景》作者克拉克和丹尼尔将该术语引入城市社会研究中来，进而形成了‘场景理论’。在城市中，不同场景是不同舒适物（Amenities）设施与活动的组合构成，形成舒适物系统。这些组合不仅蕴含了功能，也传递着文化价值观与生活方式。文化价值观与生活方式借助于由舒适物系统组成的不同场景催生的不同地方体验，影响着生活在本地区的居民和外来的游客，塑造着现代社会生活秩序。”[①]

城市思想家芒福德提出：“最好的城市模式是关心人、陶冶人，密切注意人在社会和精神两个方面的需要。良好的人居环境应既满足‘生物的人’在生物圈内存在的条件（生态环境），又满足社会的人在社会文化环境中存在的条件（文态环境）。”[②]“场景理论”正是对上述思想的新回应。伴随着后工业时代、信息化时代的到来，发达国家前沿城市开始出现一些显著的转型趋势，发展的基础动力向创新演变，创意阶层、创新空间成为城市的重要竞争力来源，吸引人才、激发创新的历史趋势推动城市中兴起越来越多的舒适物（Amenities）设施与活动，城市的场景实践、场景理论的形成与发展由此展开。根据《场景：空间品质如何塑造社会生活》一书的研究，场景的内涵和基本特征是：集合价值导向、文化风格、美学特征和行为符号，是城市空间中多样舒适物、消费活动、人群的组合，赋予一个地方包括生产、生活、生态、体验和价值情感等不同意义。

在敏锐地发现并借鉴吸收场景理论的基础上，成都依托自身发展基础与传统特质，面向技术变革的未来趋势，对国外场景理论进行了延续与拓展，渐次升级营城策略，将“场景营城”确立为城市战略主轴，推动营城思想从“城市场景”向“场景城市”跃迁，这一探索堪称国内外营城思想与策略的前沿创新。场景理论的关注点更为侧重微观层面，对于拓展后的“场景城市”而言，从场景理论借鉴的核心思维是其强调的多维度、多元素的耦合，寻求超越工业时代“单向度的人”困境，并将场景理论进一步拓展到城市的中观、宏观层面。

成都正在构建的以场景为导向的城市战略更加注重多元化思维、多部门联动，全方位统筹经济社会生态文化耦合发展，激发内生动力、孕育文化活力、培育新经济动能、创造美好生活，推动城市从“城市场景”到“场

① 吴军：《场景，城市空间的美学品质》，《解放日报》2019 年 3 月 30 日。

② 《吴良镛芒福德学术思想及其对人居环境学建设的启示》，《城市规划》1996 年第 1 期，第 35—41、48 页。

景城市”的跃迁。这一营城策略创新主要体现为以下三个维度。

第一，聚人营城，激发城市发展内生动力。近年来，国内外诸多研究都论证了注重人的舒适宜居、消费审美的城市发展新范式，正迅速取代以生产为主的传统增长模型。“场景营城”的核心目标正是以“人”为核心推动城市发展方式的转变：将人视为新产业、新经济的创新主体，将“场景”作为“聚人”的重要途径。运用场景将创新创业、人文美学、绿色生态、智慧互联等原本各自发展的动力因素进行统筹，并有机融入经济社会活动中，从而让城市对人才更具吸引力，让城市更具活力。从产业到社区，从街道到商圈，成都通过空间美学的开放性设计、本地文化形象的营销、便捷智能的生活服务集合和清新绿色的自然基底，全方位提升城市的体验感和宜居性，加速创新创业、提速产业发展，全面提升城市的影响力和竞争力，让成都成为人才的“磁体”，创业者的“圆梦之都”。

第二，文化驱动，孕育新时代蓉城活力。新时代城市发展的“文化转型”意味着文化场景逐渐成为城市发展的新动能。“场景营城”所强调的空间美学是扭转过去城市同质化趋势的一剂良药。成都前瞻部署了建设世界文化名城的顶层设计，以天府文化的人文底蕴和巴适安逸的生活美学赋能场景营造。以历史文化和自然遗产为基础，构建以龙泉山城市森林公园和天府绿道为基础的生态文化场景体系，以天府艺术公园、天府锦城为代表的人文文化场景体系；注重推动天府文化的现代表达：围绕“三城三都”，造就了一批承载休闲之都生活气息的新场景、新业态，让“像成都人那样生活”成为国内外年轻人追捧的新风尚。

第三，激活创新，发展新经济培育新动能。面对新一轮科技产业革命呼啸而来的时代背景，成都提出将发展新经济、培育新动能作为“场景营城”的核心举措，全面统筹六大经济形态，构建七大应用场景。近三年来，成都发展方式转型显著，新经济动能持续迸发。面向未来，成都提出了城市机会清单、未来场景实验室、场景示范工程等创新机制，场景赋能的新经济形态有望迎来新的进展。

第四节

系统观念：以场景营城为路径建设“践行新发展理念的公园城市示范区”

面对“建设践行新发展理念的公园城市示范区”这一国家使命，成都探索了场景营城这一综合性战略路径。其核心逻辑主要体现在三个层面：第一，坚持以人民为中心，创造幸福美好生活。习近平总书记指出，人民对美好生活的向往，就是我们的奋斗目标。进入新发展阶段，中国的城市需要积极探寻面向和服务美好生活的城市发展思路。成都探索中的“场景营城”战略路径就是对此任务的一项前沿探索。第二，坚持实事求是的科学精神。一个基本的事实是：人的幸福美好生活，包括工作、生活、消费、休憩、锻炼等都发生于一定的场景之中，城市运行的各类软硬件要素和服务也都聚合体现于场景之中。此为“实事”。以场景为基本视角和工作方法，用场景来连缀、聚合、融合各类要素和各个领域，开展服务于幸福美好生活的综合性实践，探索城市发展战略思路和方法上的变革，提出场景营城，增进城市发展中的生活美学、空间美学。此为“求是”。第三，坚持系统观念。场景营造涉及多个层次、多重尺度、多元领域，必须坚持用系统观念、系统思维开展工作。成都探索场景营城从新经济领域起步，逐渐拓展到消费、治理、公园城市等领域，正在形成一个全场景发展体系。根据笔者的观察，成都系统开展场景营城的创新做法在如下几个方面有鲜明体现。

一　构建宏观空间场景结构

空间战略是引导经济社会高质量发展的重要政策工具。近年来，成都以建设体现新发展理念的城市为战略导向，在创新空间战略方面探索了一系列新做法。

第一，践行国家战略，推动区域经济地理重塑。伴随着国家西部大开发战略的实施，成都的综合竞争力和城市能级持续提升，迅速跻身全国前沿城市行列，也成为全球投资者、新闻媒体以及学术界共同关注的国际化大都市。从中心带动的圈层式空间战略，到避免东部沿海传统城镇化路径教训，搭建全域覆盖规划管理体系，系统推进统筹城乡发展，再到成渝双城经济圈建设背景下实施东进战略，其背后是城市空间战略的区域视野拓展。例如，为加快推进成渝地区双城经济圈建设，设立成都东部新区，这一战略推动成都从"两山夹一城"变为"一山连两翼"的城市格局千年之变，是成渝相向发展国家部署的宏观空间场景重塑。

第二，坚持系统思维，谋划全域空间场景优化。近年来，在谋划全域空间场景结构优化方面，成都做出了多方面探索，这些举措包括：（1）以人为核心，将"让生活更美好"作为出发点和落脚点，实现营城思路从传统的"产、人、城"模式到"人、城、产"理念的变迁。综合考虑人的多维度多层次属性需求，服务人的自然属性，建设生态宜居公园城市。服务人的经济属性，建设产城融合的产业功能区和产业生态圈。服务人的社会属性，加大高质量公共服务设施布局力度，增强社区空间品质提升和治理优化。服务人的文化属性，积极开展场景营造。（2）以新一轮规划修编为契机，重塑城市空间结构和经济地理，在四川省内发挥带动全省的"主干"作用，推动五大经济区合作发展，在市域层面，通过"三降两提升"，进一步疏解城市核心区非核心功能，带动全域城乡均衡协同发展。明确"东进、南拓、西控、北改、中优"的十字方针，重构全市的空间布局、产业体系、功能体系、公共服务和治理体系，按照"以水定人、以地定城、以能定业、以气定形"的思路优化城市空间格局。（3）摒弃"摊大饼"模式，构建"双核联动、多中心、网络化"的空间格局，促进空间结构与人口规模、城市规模、产业发展和生态容量相适应，推动形成"青山绿道蓝网"相呼应的城市形态。"借景"是中国古典园林营造中常用的手法，而通过城市空间的整体安排，可以创造条件让公园与自然成为千家万户可借之景、可游之境。（4）重构发展动力传导的空间组织体系。为形成和强化源头创新、原始创新在城市发展动力格局中的核心地位，成都明确了“一核四区”的科学城总体规划布局，带动全市形成“核心驱动、协同承载、全域联动”的发展格局。进而，推动“一核四区”通过数字链、创新链和价值链与全市 14 个产业生态圈、66 个产业功能区相嫁接，涵盖了从源头创新到二次创新，再到产业生态圈的发展壮大，再到产业功能区的规模化落地的完整链条，形成从科学新发现到新经济发育、新技术场景应用的完整图景，更好适应城市进化的整体趋势。

二　谋划新的产业发展场景

强大的产业竞争力是城市可持续发展的经济基础，也是践行新发展理念的重要方向，因而新经济成为成都推动场景营城的最初探索领域，在全国率先设立新经济发展委员会。在推动科技创新和产业发展方面，成都面向新一轮科技产业革命重塑产业体系，构建覆盖全域、合理分工、创新引领的规划体系、产业格局及其治理架构，坚持“人、城、境、业”一体进行场景谋划和战略部署，探索了一系列新做法，创造了多样化的新场景。

坚持系统推进，将产业发展嵌入城市总体发展战略。西部大开发战略实施 20 年来，东部与西部地区发展差距加速拉大的态势得到扭转，以成都为代表的西部城市也在这样的历史机遇下步入发展快车道。借鉴先发地区经验教训是成都重要的后发优势，通过推进覆盖全域的综合战略，将产业发展融入城市发展的总体布局，坚持空间、产业、人力资本、公共服务协同部署，一定程度上避免“村村点火、户户冒烟”的无序发展路径，提升了产业集聚效益和发展质量，也积累了创新和消费潜力，这是成都产业发展的核心特征之一。在此基础上，成都在电子信息、航空航天、汽车、芯片等先进制造业和软件、文化娱乐、金融等现代服务业领域实现高点起步，在经济增速、实际利用外资、人才集聚、城市品牌等方面迅速迈向中国城市竞争力的前列，产业竞争力持续攀升。其中的重要经验是将产业作为内生于总体战略的重要部署，适应和引领城市发展逻辑从“产城人”到“人城产”的变迁，统筹“人、城、境、业”一体推进场景谋划和战略部署，重塑人的美好生活需求与城市生命周期的协同共振，在创新基础、文化氛围、场景体验上进一步突出人的主体性，激发创新动能，塑造美好生活。推进“产业和人”关系从传统工业化的“人的异化”状态到“辩证统一”的升华。

坚持未来视角，面向新一轮科技产业革命重塑产业体系。当前，新一轮科技革命与产业变革方兴未艾，成都积极拥抱这些趋势，以新经济为牵引，全面重塑产业体系和发展场景。近年来，成都努力超越西部内陆的传统产业区位认知，坚持在世界城市体系、国家开放战略、科技产业变革的新视野中对自身所处时空方位进行再定位，提出加快融入全球开放型经济体系，持续增强全球资源配置、科技创新策源、高端要素集成、投资消费辐射能力。加快拓展立体化通道、高能级平台和全球供应链体系，形成“一带一路”、长江经济带、西部陆海新通道联动发展的战略性枢纽。面向智能化的产业前景，成都提出以高技术服务业为动力推动现代化产业体系建设，以高能级头部企业为引领打造跨区域产业生态圈，以高品质公共服务供给为支撑集聚高知识高技能人才，以高水平开放为先导率先探索服务新发展格局，以高效能改革为突破构筑城市未来比较优势。成都把发展新经济培育新动能作为城市转型的战略抉择，明确了研发新技术、培育新组织、发展新产业、创造新业态、探索新模式的基本路径，聚焦六大新经济形态，探索构建丰富的新经济应用场景。同时，成都历史上在生活方式、美学体验、文化品格等方面具有良好的基础，有条件在消费场景、娱乐体验、软硬件集成创新等方面探索新路径，如本书前文中所呈现的，成都已经在上述场景开展了广泛探索。

三 东部新区作为综合实践空间

设立东部新区是成都城市格局的千年之变，在双城经济圈层面，成都东部新区有机会实现“裂变式进化”，其路径选择是以营城模式创新推动城市进化、建设未来之城，发展目标是到2035年基本建成人城境业和谐统一的现代化城市、美丽宜居公园城市示范区。主要创新思路包括以下几个方面。

第一，革新营城逻辑。成都东部新区建设提出了“精筑城、广聚人、强功能、兴产业”的基本理念与营城逻辑。进入创新作为主动力的阶段，诚如美国学者乔尔·科特金所言：“哪里更宜居，知识人群就在哪里聚集；知识人群在哪里聚集，财富就在哪里聚集。”以自然生态保障良好的健康环境，以人居生态满足教育、医疗、交通、文化等社会需求，以创新生态为创业就业以及更高层次的自我实现提供土壤，用三个生态的集成勾勒未来理想人居前景。

第二，系统开展场景营造。如前所述，“场景”赋予一个地方更多的意义，包括生产、生活、生态、体验和价值情感，已经成为影响城市经济和社会生活的重要驱动力。成都东部新区提出将“广聚人”作为第一要务，探索构建“人城产”融为一体的场景生态系统，用场景营造的思维“精筑城”，营造出“一个产业功能区就是若干个新型城市社区”的新场景，进而激发新经济、新动能。用场景思维开展空间经营。

第三，推动集成创新。一是理论与实践集成。系统借鉴国内外前沿理论，如全球城市理论、场景理论、佛罗里达的创意城市3T理论等，前瞻思考新技术条件下的城市演变，做好战略整合。通过举办竞赛、主题论坛等系列活动，汇聚全国乃至全世界的营城智慧。二是新经济与新基建的集成。成都东部新区开发建设提出引入城市合伙人、综合开发等新思路，创新市场与政府力量更优组合的新型开发运营模式，从土地平衡走向城市综合平衡，促进各类新型基础设施加速形成完整体系，激发新的增值效益，更好应对债务等各种不确定性风险。三是多层次场景集成。将承担对外联通功能的空港、铁路港、科创基地等基础设施的“大场景”与宜人尺度的“小场景”融合，创造条件让人游弋于不同场景之间。将便捷联通世界的“快场景”与放松身心的公园城市“慢场景”融合。将国际标准的功能场景与天府特色的场景融合，体现成都味道、天府神韵、中国特色、世界眼光。

四　强化源头创新的创新场景体系

科技自立自强是构建新发展格局最本质的特征，也是支撑国民经济高质量发展的关键一环。成都积极承担国家使命，在建设创新城市、营造创新场景方面提出了"四个第一、四个转变"的总体认识与思路。即，依靠科技这一"第一生产力"，实现从被动跟跑到主动领跑的历史性转变；依靠创新这一"第一驱动力"，实现城市发展动能从要素驱动向创新驱动的根本性转变；依靠人才这一"第一资源"，实现从追求人口红利向释放人才红利的战略性转变；依靠环境这一"第一优势"，实现从拼政策优惠到比综合环境的格局性转变。同时，特别强调要聚焦航空航天、生物科技、信息科学、网络安全、智能智造等重点领域，携手高校院所共同争取大科学装置，全力争创综合性国家科学中心，构建"科学发现—技术发明—成果转化—产业创新—未来城市"一体贯通的全周期创新体系，构建"互利共生、高效协同、开放包容、宜业宜居"的创新生态系统。

在这一创新场景体系中，源头创新成为重要的着力点，其空间载体集中表现为科学城的建设。近年来，科学城逐步成为各大中心城市的竞争新前沿，这是中国城市发展动力转型升级与国家战略要求传导下的必然趋势。通常认为，科学城作为一种独特的城市物种起源于20世纪50年代，以美国的"硅谷"、苏联的新西伯利亚科学城、日本的筑波科学城等为代表。发展到今天，有研究认为全球的科学（技）城已经达到数百个之多。从基本特征来看，科学城与一般的科技园区既有共性，又有显著区别。科技（产业）园区更多是科研成果"从1到N"的转化应用，而科学城则更加关注"从0到1"的源头性创新。因此，科学城主要是集聚基础研究机构与大科学装置，以科学发现、源头创新为核心目标的功能空间。科学城的检验标准是能否产生对科学发展与人类生产生活产生重要影响的理论、技术、发现等，成为某个领域、某个方向绕不过的节点。科学城体现为

“四个密集”：（1）科学设施特别是大科学装置的密集；（2）科研机构的密集；（3）科学家的密集；（4）科研成果转化活动的密集。

通过建设科学城推动城市创新场景的优化，其基本原理可以归结为“三个变”：第一，科学聚变。通过集聚前沿研究机构、大科学装置及高端科技人才，促进基础研究、多学科交叉研究，实现“聚变”效应，促发源头性的创新成果。第二，产业裂变。科学发现具有连锁反应、溢出效应。源头创新经由研发转化将促进产业发生裂变效应。第三，城市蝶变。一是通过具有根植性和持续竞争力的高科技产业发展带动整个城市的动力结构转变，二是通过集成式应用场景，探索未来城市的前进方向。

回顾过往，1979 年《科幻世界》杂志社在成都创立，40 多年来引领了中国科幻的发展。如今，成都拥有国内科幻最高奖项“银河奖”，被誉为中国“科幻之都”，而科幻常常成为科学的先驱。2020 年，成都科学城建设浮出水面，仿佛与上述事件形成了独特的时空回响。

以科学城建设为牵引，成都进一步提出“一核四区”的科学城总体规划布局，带动全市形成“核心驱动、协同承载、全域联动”的发展格局。“一核”即成都科学城，定位是打造具有全国重要影响力的原始创新高地。“四区”即新经济活力区、天府国际生物城、东部新区未来科技城和新一代信息技术创新基地，定位是与科学城协同构建创新功能突出、创新服务完善、主导产业领先的“二次创新”承载地。进而，“一核四区”通过数字链、创新链和价值链与全市 14 个产业生态圈、66 个产业功能区相嫁接。“1、4、14、66”这样一组数字就构成了成都未来发展动力格局的“空间密码”以及发展动能的“金字塔体系”，涵盖了从源头创新到二次创新，再到产业生态圈发展壮大，再到产业功能区规模化落地的完整链条。同时，成都还提出了创新营城方面的具体策略。例如，建设“城市未来场景实验室”，开放城市级、产业级、企业级科技应用场景，搭建面向全球的新经济新技术展示体验大平台，支持创新产品市场验证、技术迭代、应用推广、首购首用。再如，构建公园城市国际化生活社区，提高人才的生活舒适度和工作便利度。科学城必然是人才特区，在这一方向上，成都正在结合自身文化特色及公园城市建设等探索新路径、新场景。

综合来看，上述"核心驱动、协同承载、全域联动"的创新场景营造思路将提升和重构城市的空间体系与动力体系，实现"从0到1"以及"从1到N"的全链条传导，形成从科学新发现到新经济发育、新技术场景应用的完整图景。

第五节
前沿探索：推动公园城市场景化

2018年2月，习近平总书记在成都提出公园城市重要理念，这是基于中外城市发展经验和人民美好生活新需求提出的城市发展新理念、新愿景。成都以场景作为理论支撑与工作方法，在探索过程中坚持世界眼光、体现地域特色、传承文化基因、创新工作路径，持续营造服务美好生活的、丰富多样的公园城市新场景。"雪山下的公园城市"，已经成为成都重要的形象标签。

一　公园城市是新时代美好生活的空间载体

城市让生活更美好，这是城市发展的永恒主题。美好生活需要空间依托，需要空间营造，需要发展生活美学。从古至今，园林化生存一直是人类营造美好人居环境的重要追求方向，"城市山林"与"诗意栖居"即是东西方各自的精彩表达。

城市诞生初期，农业文明下的城市从广大人民劳作的大地田园中分离出来，承担管理、手工业、贸易、军事等基本职能，城市与乡村、城市与田园出现明显的整体性分离。但是，人们对于田园和自然的期许始终存在，突出体现在帝王的苑囿、王公将相府邸的花园、普通家庭的院落等场所之中，但总体上这些场所是私有的、封闭的。正是在这样一些实践中，积累产生了许多经典的造园思想与成果，深化着对“园林化生存”的追求，特别是中华文明造园实践中体现和发展着的天人合一、道法自然等重要思想，对今天的公园城市建设仍是十分宝贵的文化资源。

西方文艺复兴运动之后，城市发展的世俗性提升，旧有的城市防卫体系、城市发展动力体系和管理体系开始转型。进而，工业革命后，人口快速集聚到城市之中，城市规模快速扩张，城市的主体职能转向大规模生产，由此带来环境、公共卫生等突出的“城市病”，也出现了“人的异化”等思想、价值、文化层面的深层次问题。在应对工业文明下城市问题的过程中，出现了从私家花园到公园的变迁。1843 年，英国利物浦市建造了公众可免费使用的伯肯海德公园，这是用城市公共税收建造的第一座市政公园，此后在英国兴起了公园运动。几乎在同一时期，欧洲大陆上的法国出现了著名的奥斯曼巴黎改建，建设大面积公园是其中重要任务。此后，在美国兴起了规模更大、影响更为广泛的城市美化运动。上述实践标志着公园不再是少数人享受的奢侈品，而是公众愉悦身心的空间。拓展到城乡关系层面，马克思、恩格斯提出，城乡发展从低水平均衡到发展差距拉大，再走向高水平均衡，这是历史发展的方向。1898 年，霍华德针对工业城市引发的问题提出更为系统的田园城市理论，成为现代城市规划理论的源头。进而，《雅典宪章》将城市的基本功能总结为“居住、工作、交通、游憩”四大方面，这一经典的功能分区思想深刻影响了全世界此后数十年的城市营造活动。二战后，伴随着对现代主义思想的深入分析和反思，进而叠加上信息化、智能化趋势的影响，全世界开始兴起可持续发展思潮，在城市领域体现为生态城市、低碳城市、绿色城市、数字城市、智能城市等潮流。

进入新时代，面向生态文明与智能社会融合的社会发展前景，习近平总书记提出的公园城市理念为城市更好服务人民美好生活需求指明了重要方向、提出了新的时代命题，公园城市将成为更好满足和承载广大人民美好需求的综合性空间载体。

二 融合中外营城思想与经验建设公园城市

如上所述，从大历史的视角来看，公园城市是古今中外美好人居理想的现代表述与城市表达，涉及城与乡、人与自然、生产与生活、空间与体验等重大关系的综合考量，需要在更高层次上推进营城理念与策略的创新，在新的时代条件下更好地回答"城市，让生活更美好"这一永恒命题，将公园城市建设成美好生活的最优载体，为城市发展注入新的强劲活力。

国内外前沿城市的历史与当下实践为开展公园城市建设积累了丰富经验。例如，伦敦早在20世纪40年代的大伦敦规划中就提出"绿带"规划，此后又逐步向中心延伸，建立起绿道、绿网、绿楔、口袋绿地等组成的公园网络。在此基础上，2019年颁布《伦敦国家公园城市宪章》，作为建设标准。此后不久又提出绿色治城的环境战略，将零碳城市、韧性城市等绿色城市发展计划整合其中。再如，美国波士顿的翡翠项链公园系统开创了城市绿道体系从规划到实践的成功实践。再如，新加坡的"城市公园连道系统"进一步升级城市绿道的规划手法，使之成为提升城市全球竞争力的"绿色引擎"，助力新加坡建设自然城市。上海市提出以建设"生态之城"为目标，不只建设"城市里的公园"，还要打造"公园里的城市"。成都市迅速贯彻落实公园城市理念，已经形成了公园城市发展的一整套规划、机构和体制机制，目前正在向公园城市场景化的纵深方向推进。

上述实践体现出生态文明背景下城市发展逻辑的深刻变迁。放眼世界，创新成为城市发展的主要驱动力，正如学者乔尔·科特金所言，哪里更宜居，知识人群就在哪里聚集；知识人群在哪里聚集，财富就在哪里聚集。城市发展的核心逻辑正从工业文明时代的"产业—要素—配套"模式迈向生态文明时代的"良好自然人居环境与公共服务—吸引人才、机构—衍生创新成果与产业"的发展模式。人力资本追求绿色健康、和谐宜居的高品质生活环境，城市竞争力也转变为"自然、人居、创新"三个生态体系的叠加，自然生态保障良好的健康环境，人居生态满足教育、医疗、交通、文化等社会需求，创新生态为创业就业以及更高层次的自我实现提供土壤，三个生态的集成勾勒出了未来理想人居的前景，高质量发展与高品质生活彼此成就，蓝绿空间将不仅是空间的“留白”，而是成为诗意栖居的关键载体。

“窗含西岭千秋雪，门泊东吴万里船”，“晓看红湿处，花重锦官城”，“山桃红花满上头，蜀江春水拍山流”，“锦江近西烟水绿，新雨山头荔枝熟”，“黄四娘家花满蹊，千朵万朵压枝低”，这些脍炙人口、引人入胜的诗句都体现了成都的历史文脉。接续这些美好生活的历史意向，成都在建设公园城市的方向上探索出系列创新举措，2018 年 7 月，成都市委出台《加快建设美丽宜居公园城市的决定》，对公园城市建设做出了系统部署。此后，在全国率先成立公园城市研究院，开展了高水平系列课题研究，在全市新一轮规划建设中积极落实，划定“两山”（龙门山和龙泉山）、“两网”（岷江和沱江两大水系）和六片生态隔离区等重要生态空间，限定和稳固城市格局，依托生态空间建设一系列的城市郊野公园。结合山川水系、通风廊道和重要节点视线廊道建设各类城市公园，并与外围生态空间相互连通，形成“城在绿中、园在城中、城绿相融”的城市公园体系。结合城乡交通和水系脉络，构筑以“一轴两山三环七带”为主体骨架的天府绿道系统，串联城乡空间，融合城乡功能，加快塑造“推窗见田、开门见绿”的城市特质。同时，深度融合未来的生活场景、消费场景、创新场景推动公园、绿道的“场景革命”，为生态、生活、创新的互动聚变提供新型载体，推动美学体验和文化深度融入市民生活。

三　将美景拓展为可居可游的人本化场景

公园城市建设与场景理论具有内在的频率共振，代表着城市发展的路径从产业导向到功能导向再到场景导向的跃升。

自公园城市理念提出以来，成都系统开展了公园城市建设实践，逐步形成了一条公园城市场景化的发展路径，通过场景营造打造美丽宜居公园城市，遵循可感知、可进入、可参与、可消费的理念重塑生态空间，努力创造条件让人们的生活如入画中。首先，探寻一条发展路径，在广阔的自然山水里，把城市安放其中。宋代词人辛弃疾曾在《沁园春·灵山斋庵赋时筑偃湖未成》之中描述过这样的一副美好场景："叠嶂西驰，万马回旋，众山欲东。正惊湍直下，跳珠倒溅；小桥横截，缺月初弓。老合投闲，天教多事，检校长身十万松。吾庐小，在龙蛇影外，风雨声中。"在现代城市，"吾庐小"恐怕是很难改变的事实，但可以通过城市整体营造的创新，让人们更好地亲近自然。成都探索的路径是：推动自然生态空间景区化、景观化，以山川森林等自然资源和城市绿道为载体，植入旅游、休闲、运动等场景元素，建设绿意盎然的山水公园场景，珠帘锦绣的天府绿道公园场景，美田弥望的乡村郊野公园场景。进而，在人们日常生活中，用人本视角经营空间、环境和人的各项活动，将公园空间融入社区街道、文化创意街区和产业功能区的建设，用优美怡人的环境，滋养天府文化，串联产业生态，引领健康生活，营造清新怡人的城市街区公园场景，时尚优雅的人文成都公园场景，创新活跃的产业社区公园场景。

展望未来，成都公园城市场景化将继续向纵深推进：第一，理论指导与实践探索相结合。进一步融合人居环境科学理论、城市人理论、场景理论等既前沿又符合中国城市发展实际的城市理论，指引实践向前发展。第二，处理好不同层次、不同维度场景的集成。将承担对外联通功能的空港、铁路港、科创基地等基础设施的"大场景"与宜人尺度的"小场景"融合。将便捷联通世界的"快场景"与放松身心的公园城市"慢场景"融合。大尺度上做到城乡一体，构建大地景观组合的生态格局，能大中见小，体现田园、田野之趣。在小尺度的城市空间上，要小中见大，体现精致、雅致之美。第三，处理好"国际范儿"与"本地味儿"的融合。将国际标准的功能场景与天府特色的场景融合，四川成都在历史上形成了许多引人入胜的生活场景，这是场景时代的宝贵资源，要注重保护和延续这些场景，在场景营造中体现鲜明的天府神韵、中国特色。第四，处理好技术与体验的关系。当前处于新技术集中爆发时期，一些新应用构建往往过于突出技术的“炫”，这是舍本逐末，在新技术的应用中一定要坚持问题导向、场景导向，关注人的体验与获得感，技术要能够适当“退场”，高明地隐藏在场景之中。第五，始终坚持以人民为中心，推动生活美学的落地实践，聚焦城市生活的各领域、各环节，围绕通勤路、工作地、消费场、游憩地、社区家园等功能场景，探索构建全覆盖、全周期的园林化场景体验。

第六节 示范引领：“场景之城”的时代价值

习近平总书记提出“人民城市人民建，人民城市为人民”，这是新时代城市发展的主题主线。成都推动场景城市的营城思想与策略创新，正是这一主题主线的鲜明体现和城市表达，其关键创新是实现了“两个转化”：第一，把人民对美好生活的向往转化为城市营造的愿景、目标，并提出比较完整的方案蓝图。场景城市的出发点是人，落脚点也是人，把服务人、陶冶人、成就人作为价值依归。第二，把美好城市的愿景蓝图转化为场景语言、场景政策并使之系统落地。场景思维，从宏观上看是对各类城市子系统进行重构，以新技术赋能生产、流通、消费和生活，使人们的城市生活更丰富、更便捷、更有趣；从微观上看，是通过生态景观、文化标签、美学符号的植入，创造人文价值鲜明、商业功能融合的美好体验，增强人们对于场景的认同感以及城市的归属感，为“老成都”留住蜀都的乡愁记忆、为“新蓉漂”营造新时代的归属认同。最终使多样场景中的参与、体验、消费、学习成为属于成都的新潮流，营造“处处是场景、满地是机会”的场景城市。

美国芝加哥学派提出的“场景理论”认为“场景”是集合价值导向、文化风格、美学特征和行为符号的城市空间，是城市中多样舒适物、消费活动、人群的组合，它赋予一个地方包括生产、生活、生态、体验和价值情感等不同意义。上述场景理论的关注点侧重微观层面，对于成都正在探索构建的“场景城市”而言，从场景理论借鉴的核心思维是其强调的多维度、多元素的耦合，寻求超越工业时代“单向度的人”困境，在此基础上将场景理论进一步拓展到城市的中观、宏观层面。成都正在构建的以场景为导向的城市战略更加注重多元化思维、多部门联动，谋求实现在“视野局限、盆地约束、增长极限、路径依赖、刻板印象”五个方面的突破，全方位统筹经济社会生态文化耦合发展，激发内生动力、孕育文化活力、培育新经济动能、创造美好生活，推动城市从“城市场景”到“场景城市”的跃迁。

从更深层次的理论视野来看。场景之城是在城市层面全面体现以人民为中心、服务美好生活的理论建构和实践探索。党的十九大报告指出，中国特色社会主义进入新时代，我国社会主要矛盾已经转化为人民日益增长的美好生活需要和不平衡不充分的发展之间的矛盾。根据马斯洛的需求结构理论，人民的需求正在从基本的物质满足，向着更高的精神需求跃迁，而满足人的美好生活需求的诸多要素和条件就存在于场景之中。从城市营造的历史脉络来看，城市经历了从产业城市到功能城市的变革，目前正处于向场景城市的发展进程之中。这是一个渐次推进的历史过程，产业是功能的支撑，功能是场景的基础。因此，成都探索建设“场景之城”就是探索实现新时代人民美好生活的一整套的方案和路径，表现为坚持人民城市、公园城市的基本理念，以“幸福美好生活十大工程”为抓手，将新发展理念系统融会于“场景之城”的营造过程，初步探索形成了一套比较完整的、具有时代引领性的营城方案。

总之，探索“场景之城”建设路径的系统实践首先出现在成都，既是成都独特的历史文化、生活方式、生活哲学的现代延续，也是新时代中国城市发展与世界城市发展面临的共同命题，标志着成都站在了城市发展策略创新的国际前沿位置。成都探索场景营城路径的实践也展现出“幸福美好生活既是价值追求，最终也体现为强大城市竞争力”的成效，期待更多的美好生活新场景出现在天府大地，不断涌现美好生活新场景，为中国乃至世界的城市发展贡献成都方案、中国智慧。

参考文献

陈波、侯雪言:《公共文化空间与文化参与：基于文化场景理论的实证研究》,《湖南社会科学》2017 年第 2 期。

陈波、吴云梦汝:《场景理论视角下的城市创意社区发展研究》,《深圳大学学报》(人文社会科学版)2017 年第 6 期。

丹尼尔·亚伦·西尔、特里·尼科尔斯·克拉克:《场景：空间品质如何塑造社会生活》，社会科学文献出版社 2019 年版。

傅崇矩:《成都通览》，成都时代出版社 2006 年版。

冯广宏、肖炬:《成都诗览》，华夏出版社 2008 年版。

格雷格·克拉克:《全球城市简史》，中国人民大学出版社 2018 年版。

何一民、王毅:《成都简史》，四川人民出版社 2018 年版。

焦永利:《城市进化与未来城市：回溯及展望》，中国城市出版社 2021 年版。

李大宇、章昌平、许鹿:《精准治理：中国场景下的政府治理范式转换》,《公共管理学报》2017 年第 1 期。

祁述裕:《建设文化场景、培育城市发展内生动力——以生活文化设施为视角》,《东岳论丛》2017 年第 1 期。

特里·N. 克拉克、李鹭:《场景理论的概念与分析：多国研究对中国的启示》,《东岳论丛》2017 年第 1 期。

吴军、夏建中、特里·克拉克:《场景理论与城市发展——芝加哥学派城市研究新理论范式》,《中国名城》2013 年第 12 期。

吴军、特里 · N. 克拉克:《场景理论与城市公共政策——芝加哥学派城市研究最新动态》,《社会科学战线》2014 年第 1 期。

吴军:《城市社会学研究前沿：场景理论述评》,《社会学评论》2014 年第 2 期。

吴军:《场景理论：利用文化因素推动城市发展研究的新视角》,《湖南社会科学》2017 年第 2 期。

王笛:《显微镜下的成都》，上海人民出版社 2020 年版。

徐晓林，赵铁，特里 · 克拉克:《场景理论：区域发展文化动力的探索及启示》,《国外社会科学》2012 年第 3 期。

叶裕民、焦永利:《中国统筹城乡发展的系统架构与实施路径：来自成都实践的观察与思考》，中国建筑工业出版社 2013 年版。

易中天:《成都方式》，广西师范大学出版社 2007 年版。

张学君、张莉红:《成都城市史》，四川人民出版社 2020 年版。

Glaeser E., Kolko J., Saiz A.,“Consumer City”, *Journal of Economic Geography*, Vol.1, No.1, 2001.

Silver D., Clark T. N. and Yanez C. J. N, “Scenes:Social Context in an Age of Contingency”, *Social Forces*, Vol.88, No.5, 2010.